SPEED
TRIPLE
LIGHTS

3 CYLINDER

國 家 地 理 精 工 系 列
經典摩托車

作者／路易吉・柯洛貝塔　　翻譯／金智光

大石文化 Boulder Media
an IDG company

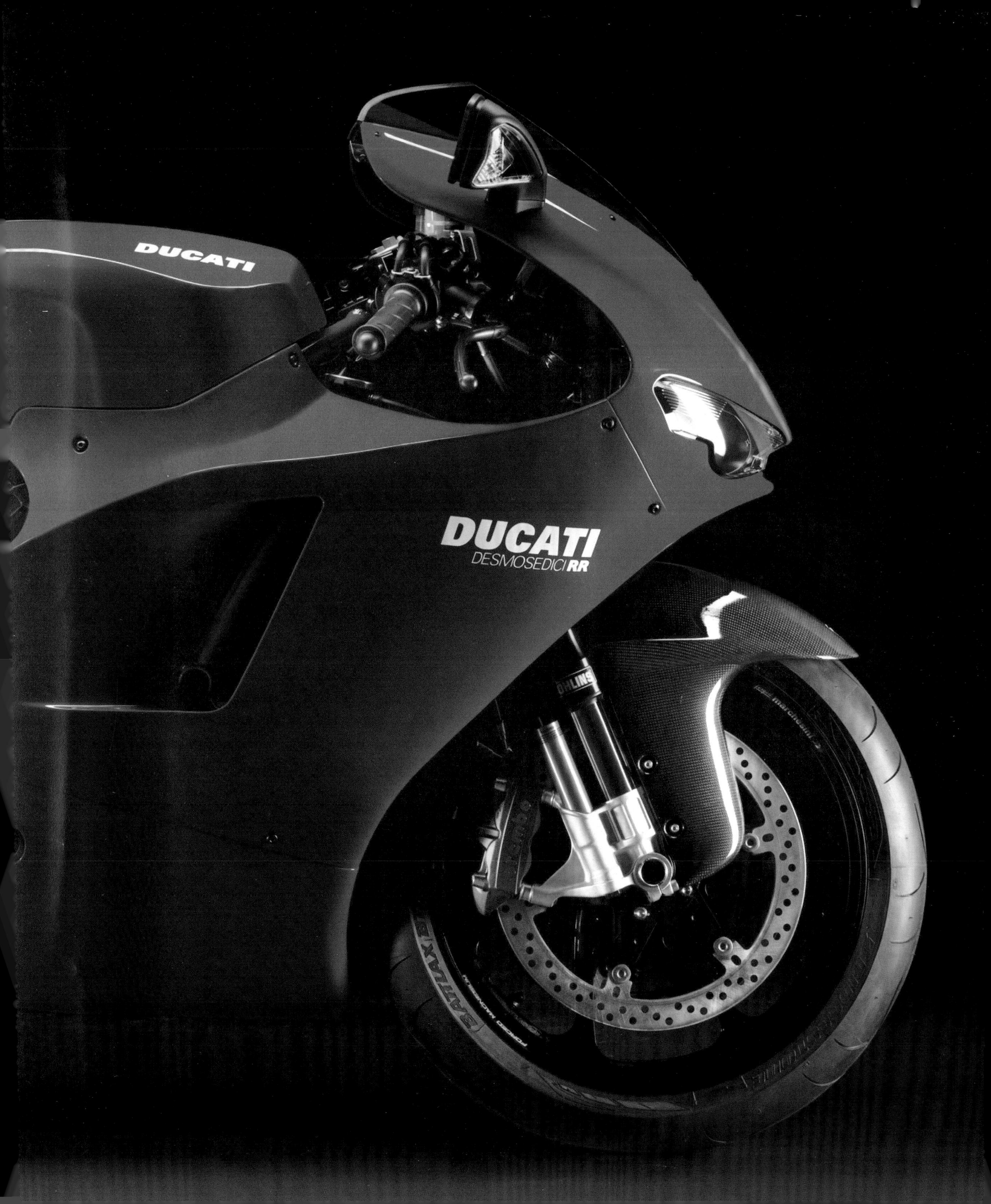
DUCATI
DUCATI
DESMOSEDICI RR
ÖHLINS

目錄

1 最早用來宣傳摩托車的其中一張海報。

2-3 杜卡迪DESMOSEDICI RR具有碳纖維
的車體。

4-5 革命性的第一輛水冷哈雷摩托車V-ROD
VRSCA，有著類似雙凸透鏡的車輪，加大
的後胎，以及全新的1130cc Revolution系列
引擎。

6-7 第一部量產的寶馬摩托車R32，前半部
特寫中，前叉的避震是葉片彈簧與連桿。

序／
賈科莫・奧古斯提尼

撰文／
路易吉・柯洛貝塔

序

8　1976年，賈科莫・奧古斯提尼騎乘MV奧古斯塔摩托車，在亞森賽道贏得荷蘭大獎賽。

9　1966年，賈科莫・奧古斯提尼在位於英格蘭的布蘭茲哈奇賽道與兩輛MV奧古斯塔摩托車合影。

摩托車，尤其是它的引擎，似乎會融入某一群人的DNA裡，就連小孩子都會對內燃機為之著迷，愛上玩具汽車和摩托車。不過當年在我展開職業生涯時，騎摩托車的人還不多，也許因為當時人們認為那是窮人的交通工具。

我9歲第一次騎摩托車，一種特別的感覺油然而生，從那天起，我就知道我想要騎一輩子的摩托車。多虧有MV奧古斯塔（MV Agusta）及山葉（Yamaha）作為後盾，還有我自己抱持著無比熱情，加上絕佳的訓練和天賦，讓我贏得了15個世界冠軍。我很肯定告訴你，這每一刻都是難以置信的體驗，我永遠忘不了。

摩托車的發展日行千里，今天摩托車經常被當作一種點綴生活型態的選擇，當開車的人發現騎摩托車有多暢快後，他們也想要擁有一輛摩托車。他們發現，有別於汽車純粹是一種交通工具，騎摩托車好比騎馬，你必須精進技巧才能把摩托車駕馭好。

速度的快感讓絕大多數摩托車騎士心馳神迷。每個人都想騎快，但我常說，要賽車就到賽車場去，在路上千萬不能大意。摩托車好比一把上了膛的槍，一不小心很容易就會擊發。這也是為何每一個人，無論新手或老手都必須戒慎恐懼，千萬別輕忽了你騎的摩托車。

賈科莫・奧古斯提尼
（Giacomo Agostini）

前言

當產業先鋒剛開始生產初具雛型的二輪或三輪的摩托車，只有極少數人負擔得起。這些新問世、非比尋常的交通工具以手工打造，部分採用腳踏車的車架，再加上引擎。一開始以蒸汽為動力，很快也採用內燃機。然而這些罕見的機械裝置，鎖定的對象是高調又狂熱的有錢人，他們以炫耀最新流行為樂。後來，情況終於轉變，所有的引擎都改為內燃機形式，兩輪車有了截然不同

的外觀、形狀及結構。更重要的是，部分是因為第一次世界大戰的關係，大眾了解到摩托車不僅能作為富人的嗜好，也可以是普羅大眾的交通工具。製造商生產出微型引擎、機動腳踏車、速克達與其他小型摩托車，適合較實際的用途，耐用且價格親民，就此打開了富人以外的大眾市場。

摩托車從大汽缸容積到50cc的小型速克達都看得到，還有125cc及175cc及250cc，但除了少數例外，有很長一

段時間，500cc的摩托車是摩托車動力、速度和美感的極致展現，在1900年代中葉之前，甚至1900年代中葉之後，都是它快意馳騁的舞臺。

儘管出現多次經濟危機及油價上升，到了1970年代，引擎容積又再度開始擴增。沒有多久，市面上與汽車引擎容積差不多的摩托車，已經不算少見。但這些無與倫比的機械裝置，對許多人來說如同傳奇那般遙不可及，是摩托車的夢幻逸品。

10 這兩輛原始的摩托車由戈特利布・戴姆勒（Gottlieb Daimler）在1884年推出，許多人將它視為今日摩托車的先驅，搭載了單汽缸四行程引擎。

11 1951年，諾頓（Norton）推出500T型越野車，諾頓是越野車的先驅之一，這原本是英國特有的車種，後來也在歐陸開始發展。

導讀

12-13 19世紀初，兩輪車輛的老祖宗大多都以蒸汽引擎為動力。髒污、吵雜且不實用，但也同樣迷人、具巧思。在這幅古典版畫中，我們看到1818年由德國人發明的「Velocipedraisiavaporianna」正在進行測試。

13 巴爾桑第神父（左），本名尼可洛，雖然年輕生澀，這位老師總是懂得以實驗引起學生興趣，而這些實驗最終幫助他發明了內燃機。馬泰烏奇（右）是一位工程師，比他的朋友巴爾桑第年長，他創立了一家公司，兩人共同研究內燃機。

參照字典的定義，摩托車是一種二輪的車輛，由內燃機推動，能乘坐一到兩人。若要探索這種很有趣的交通工具起源為何，我們必須把時間拉回1853年。當時有兩個義大利人歐亨尼奧·巴爾桑第（Eugenio Barsanti）和菲利斯·馬泰烏奇（Felice Matteucci），他們向佛羅倫斯的吉歐哥非利學院（Accademia dei Georgofili）投稿，寫道自己經歷氣體爆發力轉變成機械動力的過程。

但直到距今不久之前，這兩個義大利人才開始與大名鼎鼎的內燃機之父，像是李諾爾（Lenoir）、奧圖（Otto）、賓士（Benz）、戴姆勒（Daimler）、邁巴赫（Maybach）以及狄塞爾（Diesel）等人相提並論。位於慕尼黑的德意志博物館是一個科學與技術的聖殿，卻沒有提到兩人。直到最近，一個以兩位偉大發明家姓氏為名的基金會，才開始讓全世界知道他們是最早的內燃機發明者。但他們究竟是何方神聖？

1821年10月12日，歐亨尼奧·巴爾桑第出生於盧卡省的皮特拉桑塔（Pietrasanta），他年輕時體弱多病健康不佳，但卻是一個有才的學者，對數學與物理學特別在行。17歲完成學業後，他違背了父母親的期望，決心成為傳教士。同時他也在希梅尼亞諾天文臺（Osservatorio Ximeniano）任教，教物理及水力學。年紀較長的菲利斯·馬泰烏奇出生於1808年2月12日，對於做學問非常有天賦，特別是水力與機械學。當他完成學業後碰巧認識巴爾桑第，成為了朋友，兩人常聚在一起，他們的興趣也從水力學轉為一起研究機械，最終目標是希望能將氫氣與空氣混合後爆發的力量，轉換成機械動力。可謂現代內燃機之父的自由活塞引擎於是誕生了，而且還能夠追溯到確切的日期──1853年6月5日。根據「巴爾桑第和馬泰烏奇基金會」，他們兩人在這一天向前往吉歐哥非利學院投書，內容提到他們實驗成功。

我們了解了內燃機的身世，接下來要進入比較複雜的主題，也就是摩托車的誕生。對於這個主題眾說紛紜，但是爭議最少的，是把功勞歸於德國人戴姆勒（1834-1900）這種說法。1884年，50歲的戴姆勒為一款內燃機註冊專利權。單汽缸、四行程、264cc，能在7000rpm（每分鐘轉速）產生半匹馬力。這具引擎成功安裝在木製車架上，有兩個大輪子，一個在前一個在後，兩側各有一個小的輔助輪。正如許多人的主張，發明摩托車並非戴姆勒的本意，因為他滿腦子想的都是開發出內燃機，以作為先進機動車輛的動力。

其實這部車輛可視為最早以內燃機為動力的摩托車。不過若我們將摩托車明確定義為兩個輪子、由引擎驅動的車輛，那麼我們必須再追溯到1869與1871年，當時來自法國的路易·紀堯姆·佩羅（Louis Guillaume Perreaux）將304cc的蒸汽引擎與米肖（Michaux）腳踏車結合在一起。有別於戴姆勒，這位1816年出生於阿爾梅內謝（Almenèches）的聰明法國機械工程師，明確想創造摩托車，他自己在為此製作的簡介手冊中稱它為「高速腳踏車」（Vélocipède à Grande Vitesse，簡稱VGV）。

歷史上還有許多其他對二輪或三輪車發展有所貢獻的發明家。除了前面曾提到的，還有西爾維斯特·羅佩爾（Sylvester Roper）也被一些歷史學家認為是第一輛蒸汽動力摩托車的發明人。此外還有美國的盧基烏斯·柯普蘭（Lucius Copeland）、英國的菲力斯·米列（Felix Millet）、法國的布·德羅沙（Beau de Rochas），以及義大利人朱塞佩·慕尼戈第（Giuseppe Murnigotti），而英國的愛德華·巴特勒（Edward Butler）則是戴姆勒的對手，兩人競逐內燃機創始人的頭銜。

14　1869年，法國人路易斯·紀堯姆·佩羅設計出單汽缸、304cc的蒸汽引擎，後來與米肖腳踏車成功結合在一起，是貨真價實的摩托車。

15　愛德華·巴特勒正在駕著他的三輪車，這輛汽油引擎的三輪車於1884年設計，三年後便打造出來。

從19世紀中葉起，許多人嘗試利用各式蒸汽引擎或內燃機發明車輛，一部分外型特異，然而大多都只是小量、手工生產。談到大規模量產，或是成為能夠滿足許多人需求的一個產業，就不得不提希德布朗與沃夫穆勒（Hildebrand & Wolfmüller）。

亨利·希德布朗（Henry Hildebrand）在1855年10月17日生於慕尼黑，之後取得了機械工程學位，他和同樣來自巴伐利亞的阿洛斯·沃夫穆勒（Alois Wolfmüller）是商業夥伴，他們研發並打造出各式內燃機，取代了既不可靠又不實用的蒸汽引擎。

16 最上 由法國人亞伯特·德狄翁侯爵（Marquis Albert de Dion）及喬治斯·布頓（Georges Bouton）創立的公司，從一開始生產蒸汽引擎到後來生產內燃機。

Le comte de Dion sur son tricycle

C.RUCKERT Sc

經過評估與改良，這部車輛有了更適合的車架。然而同樣讓人感興趣的不僅止於車輛本身，他們四人也下定決心要讓公司在產業界站穩腳步。

儘管一開始有很深的疑慮跟恐懼，但全世界現在都準備好接受摩托車——希德布朗與沃夫穆勒也了解這點。因此他們在慕尼黑建立了工廠，不但生產摩托車，而且是大量生產，以改進可靠性並降低成本，這些原本都是吸引潛在顧客最大的阻礙。

體認到廣告宣傳的重要，四人與記者和產業專家接觸，包括來自法國的皮耶·吉法爾（Pierre Giffard），以及英國的賀伯特·歐斯巴德斯頓·鄧肯（Herbert Osbaldeston Duncan）。尤其是鄧肯，他一騎上摩托車就愛上了，他要求在法國以Petrolette（輕型摩托車）的名稱生產，並獲得授權。礙於各種阻礙，像是啟動器故障、不夠水準的變速箱，希德布朗與沃夫穆勒在新的世紀來臨前結束營運。儘管如此，摩托車進入工業化生產已經奠定了基礎。1900年起，已有數十家新車廠成立。

兩人創造出一種二行程的單缸引擎後，又與一位機械工漢斯·蓋森霍夫（Hans Geisenhof）以及亨利的兄弟威廉（Wilhelm）設計了一款四行程的水冷並列雙缸引擎，汽缸容量達1490cc。接下來是要把這具引擎安裝在一個以腳踏車為基礎的車架上，但過程並不順利。

Le Motocycle " PERFECTA "
à moteur de DION-BOUTON

Jantes acier
WESTWOOD

—

Roues de
65 ou 70 c/m

—

Encliquetage
à
l'arrière

FREINS
à
tambour
à
l'avant
et
à
l'arrière

PONT UNIQUE

—

Gros Roulements

Prix net. — Moteur de 2 chevaux ¼ 1500	Type amateur moteur de 3 chevaux ½ 1900
Moteur de 2 chevaux ¾ 1700	Supplément pour changement de vitesse..... 400

Tricycle " PHÉBUS "

Moteurs de Dion-Bouton 2 ch. 1/4 ou Aster 2 ch. 1/2

Gros Pneumatiques DUNLOP

Modèle de route 1500
Modèle de route à pont-armé................ 1650

Tricycle " Licence de DION-BOUTON "

Construit avec le moteur de 2 ch. 3/4
et toutes les pièces de l'usine " de Dion-Bouton "

PRIX.............. 1600

Tricycle " Marot-Gardon "
Modèle Créanche
Moteur de Dion-Bouton 2 chev. 1/4

Points saillants de la construction : Pont unique à axe central.

3 freins à tambour *sur les roues arrière et le différentiel,*
Tous les organes enfermés même la chaîne. Jambes de renfort
allant du carter à la selle et du moteur au carter.
Prix .... 1650 fr.

Tricycle " BASTAERT "
avec moteur de Dion-Bouton 2 ch. 1 4 ou Aster 2 ch 1 2

Le plus beau tricycle qui existe, le seul ayant les avantages
suivants : Pont tournant permettant changement de pignons en
5 m. Frein à enroulement dans l'huile. Billes de 12 partout. Cons-
truction spéciale sur commande.   Prix.......... 1500 fr.
Moteurs de 3 à 6 chevaux. Prix sur demande.

LA
Motocyclette " Werner "

entièrement perfectionnée en 1900 est munie de l'allu-
mage électrique avec dispositif d'avance à l'étincelle
autorisant les plus grandes vitesses et le ralentissement
progressif.

Le nouveau **moteur léger de 1 ch. ¼** permet au ca-
valier d'aborder presque toutes les côtes sans l'intermé-
diaire des pédales.

Le réservoir contient 2 litres d'essence pour parcourir
120 kilomètres environ.

Cadre de 56. Roues de 0.65. Cadre de 60. Roues de 0.70.
Gros Pneumatiques de 50 %.

PRIX..................... **975** fr.

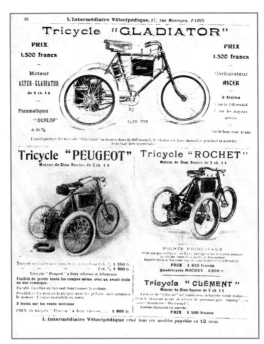

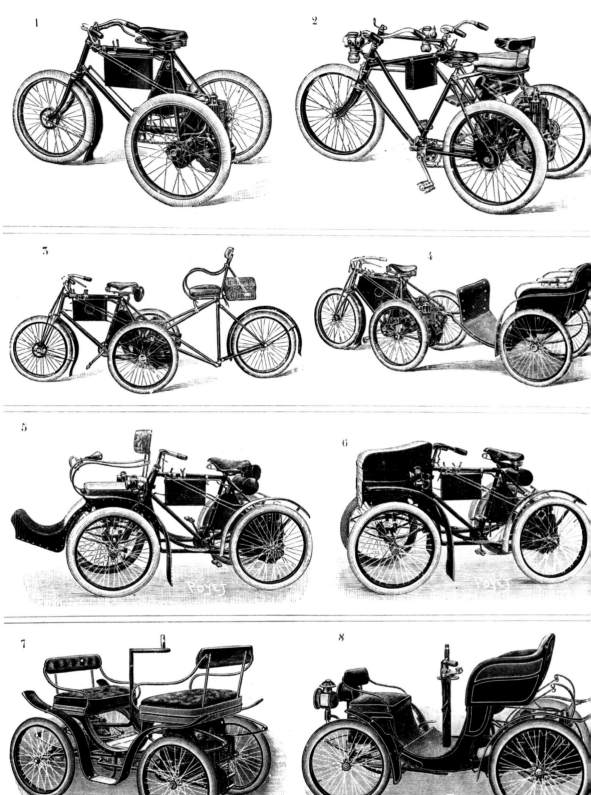

這些車廠中有部分至今仍然屹立不搖，但也有許多在1940年代結束時，撐不過二次世界大戰。

此刻，焦點在法國，這裡除了有先前提到的佩羅，還有可能是現存歷史最悠久摩托車廠：標緻（Peugeot）。1800到1910年間，法國在摩托車的研發占有重要的一席之地，在摩托車早期的歷史發展也扮演關鍵角色。

舉例來說，德狄翁三輪車在世界各地都有人模仿，還有1902年由喬治·戈提耶（Georges Gauthier）創造的Auto-Fauteuil（意為「會走的椅子」）這種早期的速克達，或是華納兄弟（Werner brothers）在1901年採用的術語「gicleur」（噴射）及motocyclette（摩托車），當時都廣為人們採用。

19　在19世紀晚期，汽車跟摩托車的區別不大，但沒過幾年，兩者的發展已經分道揚鑣。

18、19　左側為1990年L'intermédiaire Vélocipède產品型錄中的兩則廣告。

20-21　凱旋可謂最具聲譽的英國摩托車品牌。它最具影響力也最出名的設計就是優雅又有速度的雙缸車Speed Twin 500。此為1948年版本。

脆弱的動力腳踏車被摩托車取代了。迷人、堅固，但不容易上手。

Terrot

DIJON

Ateliers Joe BRIDGE

摩托車的歷史在許多方面讓人既著迷又好奇。在某些時期，短時間內技術發展突飛猛進，但也有些時期，至少從表面上看來，似乎是裹足不前、欠缺創新的。周期性的巨變，例如戰爭與經濟危機，都影響著故事的走向，或激發出新的想法或對這個產業造成限制。1900年代，摩托車廠數量激增，技術上有趣的進步也如百花齊放。但隨著第一次世界大戰來臨，熱絡的氣氛也為之凍結。摩托車除了被視為休閒用的交通工具，也用於運送配給品、武器與士兵的車輛。尤其是裝上側邊車的摩托車大量生產，以供應軍隊所需。

一般來說，這些摩托車坐起來依舊不舒適，車架剛硬沒有避震器，結構類似腳踏車，而且騎起來很複雜，要考慮引擎點火的時機、燃料該混合多少空氣、引擎要維持多少轉速，還有機油必須每10到15秒循環一遍。手忙腳亂，一刻也閒不下來，還要忙著撥動常有三個檔位的變速控制桿與開關，又要顧及油門、離合器和煞車等。

23 有名與無名的畫家數十年來創作出許多作品。摩托車還有女人及動物占據畫面最顯眼的位置,以鮮豔的色彩呈現,賦予動態感與自由的風格,就像這幅1906年的海報,用來宣傳法國第戎的提霍特摩托車(Terrot Motorcycles)。

24-25 士兵站在他們的摩托車上,觀看代表團抵達凡爾賽宮簽署宣告一次世界大戰結束的和平條約。

25最上 1910年一位法國騎士在賽道上奔馳。摩托車與速度密不可分,賽車起源於不斷想把機械推向速度極限的渴望。

25中 為美國陸軍設置的車庫,1916年進軍墨西哥,討伐革命領袖龐丘・維拉(Pancho Villa)。

25最下 1914年,一名童子軍騎著哈雷。如今機車有了自己的特色,並開始征服都市。

25

26最上 亞伯特王子，未來的英王喬治六世，1920年在劍橋騎著摩托車上課途中。

26-27 1922年，洛杉磯警察局員警坐著配備的印第安摩托車在經銷商前合照。

27最上 女人、引擎、自由──廣告中吸引顧客最常見的三個元素。此為1926年的英國BSA摩托車。

隨著大戰落幕，新的發展也揭開序幕，不僅止於科技面，還包括設計美感。此時引擎大多是四行程，來自航空科技的經驗大幅提升了性能與可靠度，摩托車打造的細節更受注重，機械加工的精密度也更高。燃油幫浦在過去必須因應行駛地形，不時手動調整，現在已經自動化。潤滑油以往通常是使用後就拋棄，現在會以強制循環的方式回收利用。車架也從簡單的腳踏車金屬管為基礎，經歷了大幅改變：因為應力不同，需要更堅實的架構，尤其是引擎愈來愈重、愈來愈大。除了重量，性能也隨之提升，因此大多數摩托車都會安裝的後煞車開始不夠用了。舒適性方面，頭燈過去不是標準配備，在這個年代逐漸普及。另一項改善舒適與行路性的重大創新是前後避震，各大製造廠採用不同的形式。除了少數例外，燃油箱也大幅度重新設計。從過去位於車架上管下方、形狀方正，變得線條較渾圓，且置於上管上方。

摩托車的外觀改變了，從過去緩慢又不舒適的交通工具，變得更舒適、快速、有效率。尤其是法國的阿爾西翁（Alcyon）與標緻車廠推出四氣門引擎；美國的印第安（Indian）推出電起動器（1914年的Hendee Special Model）；法蘭克・H・法爾（Frank H. Farrer，來自Villiers引擎工廠的優秀技師）發明了飛輪式永磁發電機；以及萬向接頭軸的採用（1919年的Nimbus摩托車）——這種傳動方式取代了先前替換掉皮帶的鏈條。隨著1920年代末期開始採用簧片閥，二行程引擎也獲得改良（最早用於奧地利的Titan廠牌，後來用於DKW廠牌的350 UB）。最後是腳換檔，最早出現在1929年左右的Vélocette 350，配備有預選器，就此讓不實用的手動控制桿走入歷史。

27最下　1904年的廣告海報，出自知名的法國藝術家雨果・達雷西（Hugo d'Alesi），描繪Griffon摩托車。

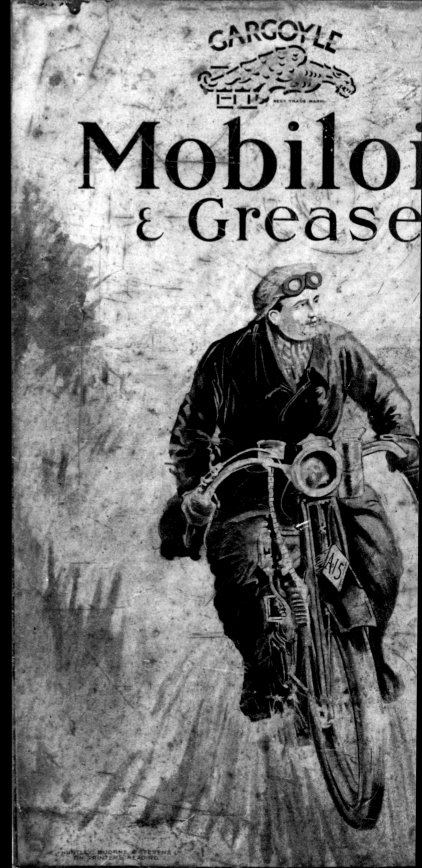

GARGOYLE

Mobiloi

& Grease

S

A grade for each type of motor.

HARLEY-DAVIDSON
哈雷TWIN 1000

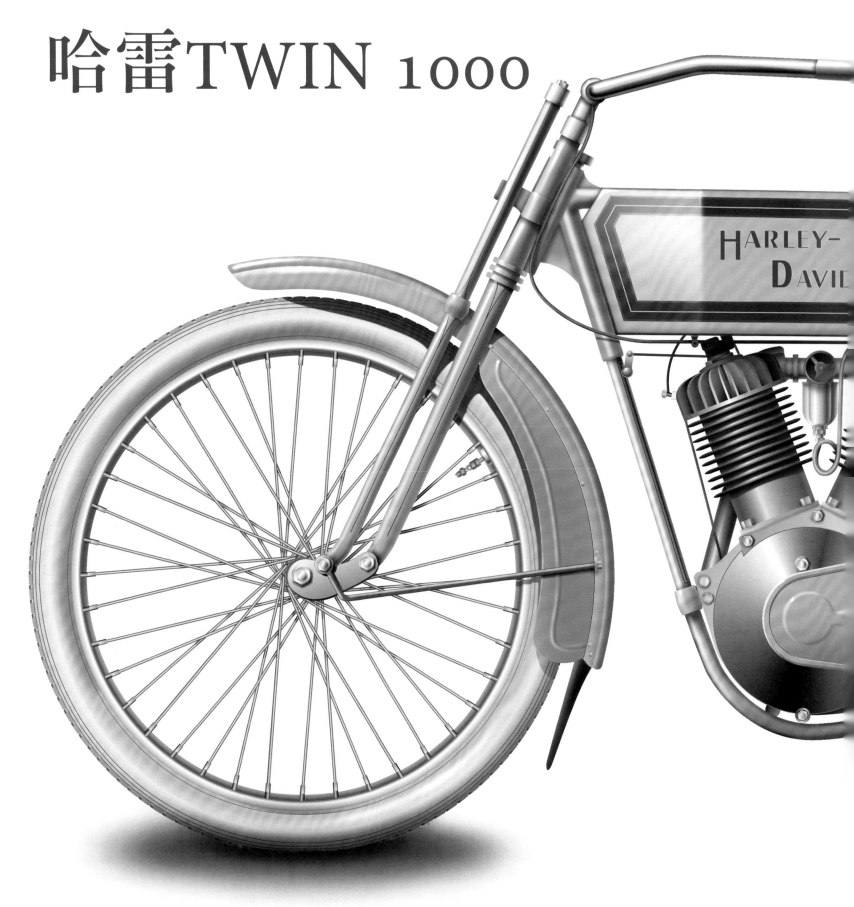

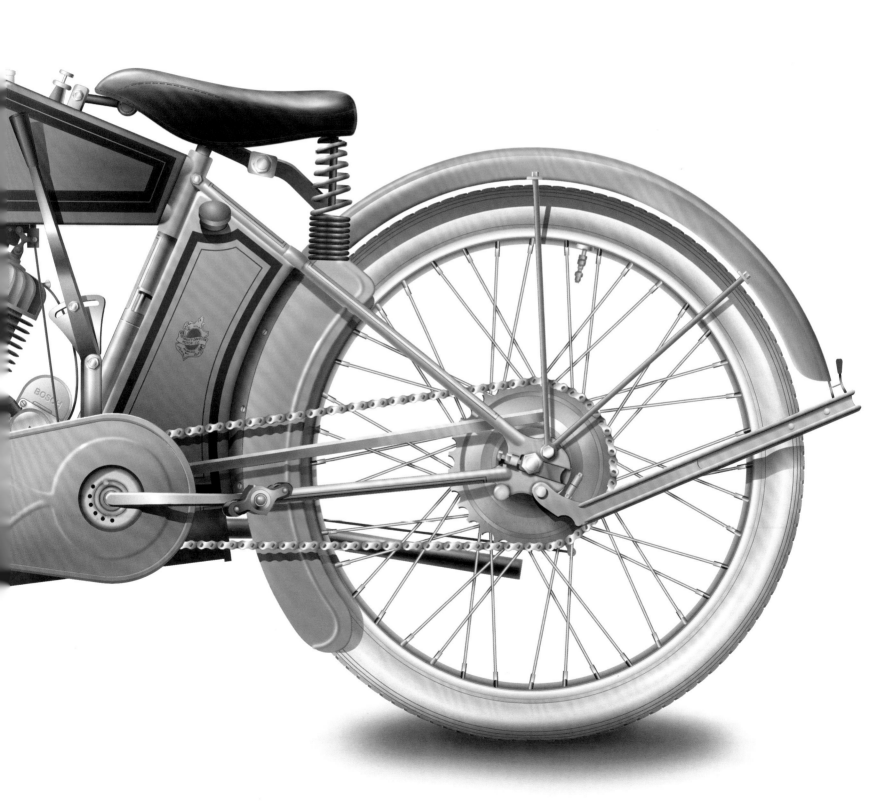

哈雷是一則美國傳奇，這個歷史悠久的廠牌在美國誕生並成長，名稱取自創辦人姓氏。哈雷產品線幾乎全採用V型雙缸引擎，也因此成為全球家喻戶曉的車廠。堅固、可靠，儘管力量不大，卻富浪漫情懷，能引發人某種獨特的感受。雖然模仿者眾，哈雷各型車輛仍是美式摩托車的極致，也是最著名的改裝摩托車，成為摩托車迷的終極夢想。

公司由威廉‧哈雷與亞瑟‧大衛森創立，兩人是鄰居也是同學、朋友兼工作夥伴，都任職於威斯康辛州密西根湖畔的巴斯製造公司（Barth Manufacturing Co.）。哈雷是設計師，大衛森是模型技工，但都對摩托車懷有熱情。這份難以抵擋

32最上　由於引擎排氣量大，出力的轉速範圍廣而且耐用，哈雷迅速成為最適合搭配側邊車行駛的摩托車之一。

32-33　1913年，鏈條傳動取代皮帶傳動，引擎容積也從810cc成長到1000cc，三速的變速箱慢慢成為標準，銷售也大幅成長。

的熱情促使兩人結合專長，希望設計出裝在腳踏車上的引擎。這項計畫在大衛森院子裡一間小木屋進行，雖然遇到重重阻礙，但還算成功。這些引擎需要進一步改良，並搭配更適合的車架。他們尋求奧爾·埃文魯德（Ole Evinrude）協助，幾年後這位埃文魯德成了知名舷外引擎製造商。還有愛米爾·克魯格（Emile Kruger），這位德國移民曾在法國狄迪翁（De Dion）工作。接著他們聘請亞瑟的哥哥華特（Walter），一位技術純熟的機械工及鐵匠，服務於鐵路公司。於是在1903年，哈雷的處女作誕生，新時代就此揭開序幕。

第二款摩托車緊接著推出，之後各款式也陸續生產。要價200美元的400cc單汽缸引擎摩托車，馬力約3hp，時速可達40公里。成功快速降臨，第二款摩托車推出後沒多久，「沉默灰色傢伙」（Silent Grey Fellow）誕生了。年輕的哈雷原本專精於設計，但他了解要生產好產品，光成為有經驗的設計師還不

33 最上 哈雷戴維森摩托車很快也襲捲了全歐洲，這張1916年的照片攝於新英格蘭的一間經銷商門前。這時全新的摩托車仍用代表性十足的木箱來包裝。

33最下 20世紀初期哈雷的生產線。每個工人負責一整輛車的組裝。

夠，還要對設計理論有深入掌握才行，這正是他欠缺的，所以哈雷決定到大學進修工程課程。

時間來到1907年，這家位於密爾瓦基的摩托車廠也來到歷史的關鍵時刻。9月17日，哈雷有限公司成立，稱為哈雷戴維森摩托車公司，亞瑟的大哥威廉·戴維森也參與營運。威廉·哈雷，大家都稱呼他的綽號「比爾」，開始著手設計鼎鼎有名且代表性十足的汽缸夾角47度V型雙缸引擎。第一批配備這具引擎的摩托車於1909年推出，汽缸容量810cc，採用側置氣門、無變速齒輪，並以皮帶傳動。相較於在此之前的單汽缸引擎，馬力輸出不但成長超過一

倍，也讓摩托車能輕易行駛到時速90公里以上。一旦解決幾項可靠性的問題（例如潤滑不足、震動過大），雙缸引擎便開始成長，到了1912年汽缸容量增加到1000cc。動態表現好、有力又堅固，這具47度V型雙缸引擎開始聲名大噪，備獲讚賞，不僅因適合配置側邊車的摩托車使用，更因在賽車場上優異驚人的表現。1913年的Twin 1000仍配有（腳踏車的）踏板，但終於開始以鏈條傳動，取代了當時淘汰掉的皮帶，沒多久還加入三速變速箱。從打造出第一輛摩托車起，不到十年內，哈雷銷售成長驚人。據會計帳本上計載，當時已生產多達1萬2966輛車。

FRERA 弗雷拉 570
GRANDE TURISMO
豪華旅行車

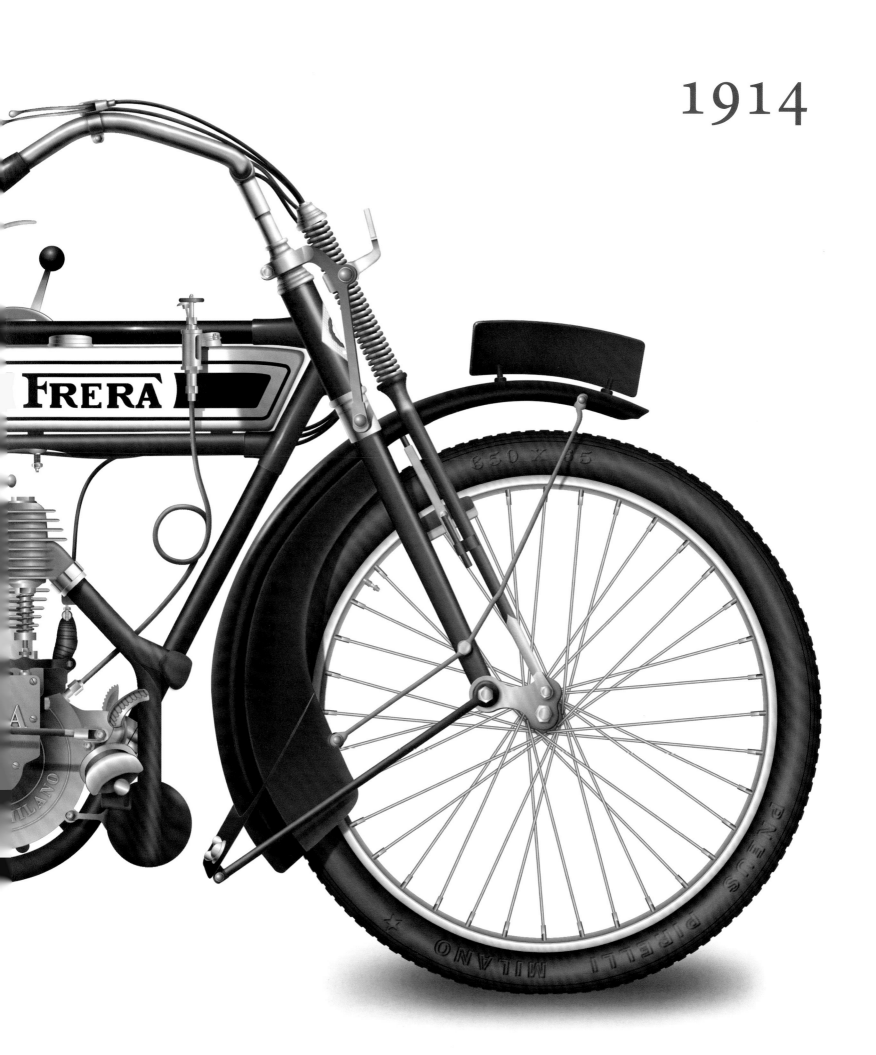

1914

「它不但會跑而且飛快」，在19、20世紀之交，弗雷拉的一則廣告是這麼宣稱的。這輝煌的義大利品牌總部設在米蘭，工廠位於特拉達泰（Tradate）。儘管已經從市場上銷聲匿跡數十年，這個來自倫巴底區的車廠仍舊在全世界形形色色的二輪車輛中享有獨特的聲譽。品牌對於細節的重視與出名的耐用仍繼續征服車迷的心。

創辦人克拉多·弗雷拉（Corrado Frera）於1859年出生於普魯士的克羅伊茲納赫（Kreuznach）城，並於1885年搬到米蘭。短暫從事玩具銷售員工作後，他投入腳踏車產業。沒多久就轉為生產動力二輪車輛，因為他接到了組裝訂單，也銷售其它的不同品牌，像是瑞士的Zedel。

S.A.F.（Società Anonima Frera）於1905年成立，以生產腳踏車與摩托車為業務，總部位於米蘭，這座義大利北部最重要的城市。工廠所在地特拉達泰，當時屬於科摩省，現在則劃入瓦雷塞（Varese）省。當時看來，將生產基地設在鄉間有一定的風險，但克拉多知道自己要什麼，正如他明白摩托車開始風行全世界，且重要性與日俱增。特拉達泰地處偏遠，但這個地區有許多勤奮認真的居民。此外當地位於來往米蘭與沙隆諾（Saronno）的鐵路沿線。他的摩托車生產冒險就此展開，他開始以工業規模生產。他的哲學很簡單，那就是必須大規模生產，以及持續進行不可或缺的品質管控與測試。

他的第一批摩托車採用Zedel與NSU的引擎，後來獲授權生產。由於摩托車市場已經在成長，有可觀的需求量，而

36 「它不但會跑而且飛快」是來自1920年代的標語，這幅廣告為藝術家普利尼·科多尼亞托（Plinio Codognato）的作品，是為著名的摩托車製造廠弗雷拉所作。弗雷拉總部位於義大利瓦雷塞省特拉達泰。

37 最上及左下 多數的弗雷拉車款都有軍用版本。技工不僅會改變外觀配色，還可以依照顧客指定的需求，量身打造摩托車。

37 右下 570cc豪華旅行車上，看到曲柄軸與三速變速桿，它搭載了耐用的單汽缸、側置氣門引擎，以及25mm英國Senspray化油器。

且這家車廠從1908年開始成為義大利皇家陸軍的官方供應商。有了這張重要的訂單，弗雷拉的摩托車生產從1910年的1000輛，躍升到1915年的3000輛，並成為義大利最重要的摩托車製造商。1906年員工將近有300人，到了第一次世界大戰結束時數量倍增。克拉多很清楚自己有能力更加積極進取，於是在1914年，完全由這家倫巴底工廠包辦設計與製造的引擎誕生了。這是一具長衝程的單汽缸引擎，缸徑×衝程為85×90，汽缸容積570cc，採用側置氣門，並安裝在Grande Turismo 570。這輛摩托車能夠達到時速90公里，要價1760里拉。弗雷拉選用市面上最高品質的零件，有英國的Senspray化油器保證供油順暢；點火則是靠Bosch在英國授權生產的高電壓Ruthardt磁電機。離合器以及變速箱安裝在Sturmey-Archer的輪轂中，拉桿位於油箱左側，方便就手。至於油箱右邊，則是Best & Lloyd手動機油幫浦。無避震硬尾式的單臂搖籃車架。前方為拖曳臂懸吊與單一中央避震彈簧。輪胎為26英寸，鼓式煞車，皮帶驅動。基本車型仍配有腳踏板，有助於發動引擎以及摩托車故障時使用。配備更豐富的版本具有發動曲柄。

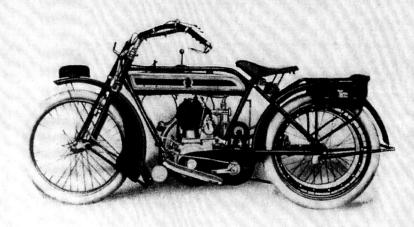

SOCIETÀ ANONIMA FRERA · TRADATE (Prov. di Como)

FRERA HP. 4   Modello G.

Modello fornito ai diversi Distaccamenti di Artiglieria
.. da Montagna, ecc. - accoppiato a "Side-Car.. ..

Alesaggio 85 × 100 (570 cm.³)

Manubrio .. .. finemente verniciato, a a leve rovesciate.

Due freni .. efficacissimi (uno anteriore sul cerchio, l'altro agente sul cerchietto posteriore).

Parafanghi .. robusti, di lusso, con tiranti nichelati.

Ruote 26 × 2½ (gomme extraforti, a tallone, Pirelli o Dunlop).

Supporto .. .. automatico posteriore, nonchè cavalletto anteriore.

Portabagaglio posteriore, solidamente fissato, con custodie laterali, e relative :

Borsette .. .. eleganti e corredo di accessori.

| Mod. G. | come da descrizione, con relativo corredo di accessori . . . . L. |
| | Se con apparecchio "Tandem .. » |

15

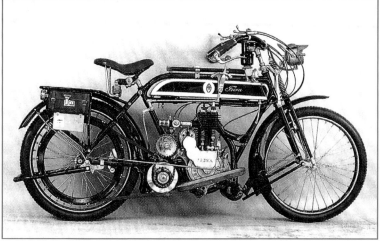

ABC 400

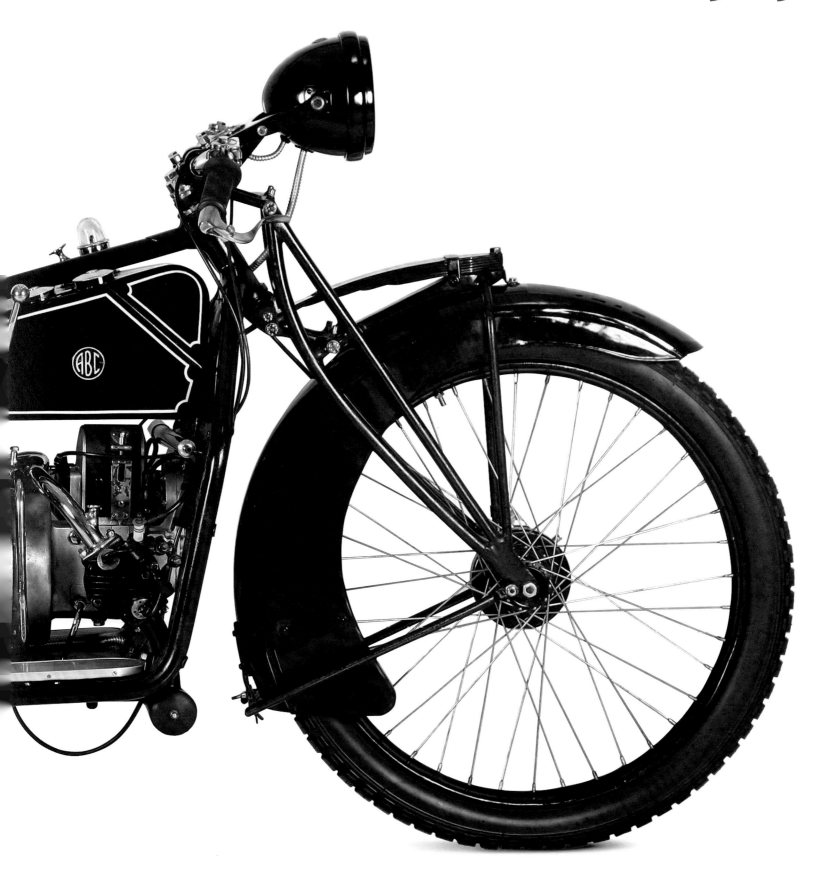

1919

這輛摩托車給人的第一印象是欠缺力量、不起眼，而且名字怪。但如果你仔細一看，很快就會發現這輛摩托車上處處是原創設計。400cc四行程水平對臥雙缸引擎（缸徑x衝程為68.5x54mm），採短衝程與OHV頂置氣門。雙臂搖籃式車架，跟大多數同時期其他類似的摩托車並不同，它配有前後懸吊，前後都是鼓式煞車。

還不夠看？那麼再加上四速變速箱吧（當時多數競爭者只有三速），而且還有一開始就已配備的車燈系統。這輛摩托車於1919年在英國誕生，為20世紀初百花齊放的摩托車世界更添光彩。這都出自天賦異稟的設計師格蘭維爾·布萊德蕭（Granville Bradshaw）。

我們可以把他比喻為類似阿基米德這樣的人，雖然看似謙虛沉默，但當他能夠發揮，創意就如同火山爆發般源源不絕。有些人會說：「什麼都不做就什麼都不會錯」，但布萊德蕭不斷發明，當然也就有許多敗筆，不過他絲毫不擔心。ABC（All British Engine Company的簡稱）400，擁有水平對臥引擎，是革命性的摩托車，遙遙領先競爭者，但卻因為一些無法克服的致命傷而未能成功。

還沒有完全準備好就倉促上市，加上英鎊貶值造成的高成本，都是決定性因素。從1920到1924年，它也授權在法國由Gnôme&Rhône生產。雖然經過改良，銷售仍然不如預期。它價格太高，總共在英國與法國生產3000輛左右。

40 裝配線照片，展示ABC 400生產的地方。這些摩托車被製造廠稱為「全世界最好的摩托車」。

40-41 ABC在賽道上表現相當亮眼。其中包括在1920年由J. Emerson在布魯克蘭賽道（Brooklands Track）創下一小時完賽的紀錄，平均時速113.45公里。

MOTO GUZZI NORMALE

摩托古奇標準500

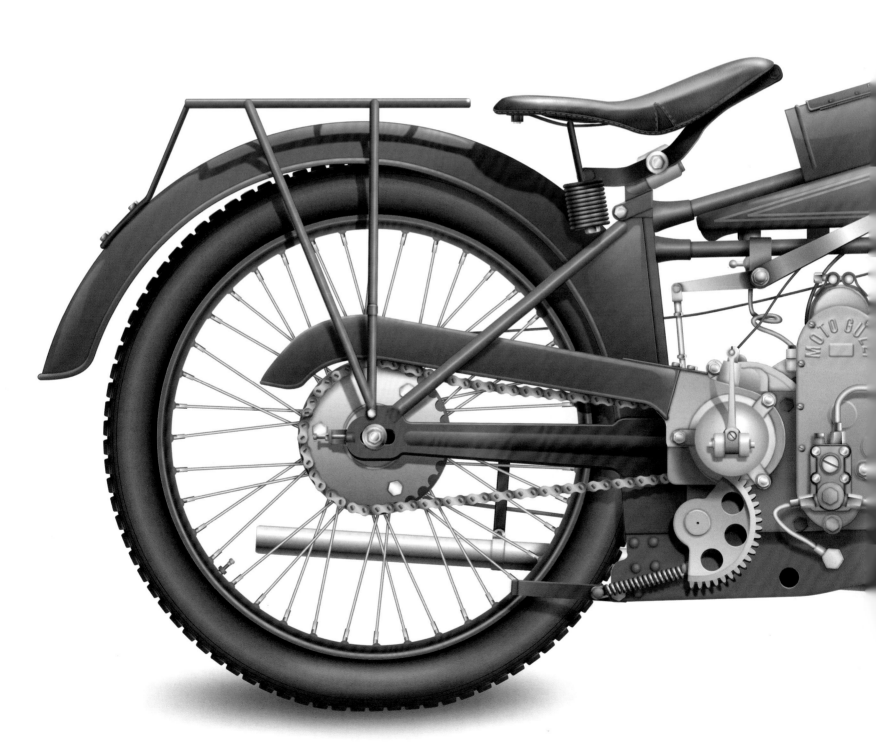

在摩托車歷史上,摩托古奇的故事占有一席之地,而且這個故事傳頌至今,年復一年都在忠實粉絲心中寫下新的一頁。鮮少有摩托車製造廠像摩托古奇般,與摩托車的發展這麼密不可分,也鮮少有車廠經歷過如它這麼精采的故事。製造廠總部仍然設於當年那棟建築,你可以想像那幾名滿腹熱忱的車廠要角,雖然早已逝世多年,仍會從建築內望向窗外。第一次世界大戰結束後,摩托古奇在科莫湖畔的一個小城鎮創立,第一輛摩托車稱為GP。它由兩個年輕人所設計,大戰期間他們都為義大利空軍效命,後來成為朋友。一位是卡洛·古奇(1889-1961),來自米蘭,是一位精明的技師,熱愛機械,他希望能打造出一輛自己的摩托車,而且要將當時摩托車的眾多缺點全部改良。另一位喬治·帕羅迪(Giorgio Parodi),他是熱那亞著名船業世家之子。一開始還有第三位參與,他是來自布雷夏(Brescia)的喬瓦尼·拉維利(Giovanni Ravelli),他是一

位運動健將,當時已經因賽車出名。在戰時無所事事的時候,三個朋友開始幻想,著手規畫未來成立公司,生產自己的摩托車。古奇過去曾在以機車與飛機引擎聞名的伊索塔·弗拉斯基尼(Isotta Fraschini)公司工作,原先的計畫是由他擔任設計工作;帕羅迪提供所需的資金;而拉維利擔任車手參加比賽。可惜拉維利在戰後沒多久死於空難,為了紀念他,摩托古奇的商標採用象徵義大利空軍的展翅雄鷹。

有了喬治的父親贊助的2000里拉供他們進行首次的嘗試,兩個朋友展開了他們的冒險。於是第一輛原型車就在曼德洛(Mandello)、古奇家的地下室誕生了。當時古奇家族搬到這座城鎮,而這輛車以兩人姓氏的第一個字母命名為GP。因為水平置放的汽缸讓這輛摩托車顯得特別低矮而迷人。卡洛·古奇改善了當時摩托車最嚴重的缺點,也就是汽缸頭散熱不良。這具短衝程引擎的缸徑×衝程為88x82mm,汽缸容積498cc,四個氣門由單一頂置式凸輪軸控

制,以齒輪連接三速變速箱。它的原型車設計精良,備受專家讚譽。因為這次的成功,喬治的父親伊曼紐·維托里奧·帕羅迪(Emanuele Vittorio Parodi)決定投資。他們不再採用GP這個名稱,因為容易令人聯想成喬治·帕羅迪。1921年3月15日,摩托古奇公司正式成立,總部就在曼德洛,當時隸屬科莫省。同年,這家小機械製造商生產出一系列摩托車中的第一輛,即標準500,當時在廣告中又稱為「單汽缸之后」。

這家初創公司在打造摩托車上的特色還包括水平汽缸、單鏈條傳動、三速變速、特低的車架以及使用登祿普(Dunlop)輪胎。因為成本及強度的考量,他們放棄了四氣門搭配曲柄軸,「標準」改採兩個側置氣門。儘管壓縮比僅有4:1,引擎仍然能產生大約8匹馬力,讓這輛摩托車可達時速90公里。車輛左側有一個大型飛輪,用來減緩震動並增加引擎在低轉速時的力道。這款摩托車直到1924年才停產,總共生產了大約2000多輛。

MEGOLA彌古拉

很難說這輛摩托車迷人之處究竟是安裝在前輪上的星型放射狀引擎，或是這輛車的整體——這一部奇巧的機器，看起來就像是大型速克達。1920年代初期，這輛彌古拉不但獨特還很前衛。這個作品是佛來德瑞奇·克雷爾（Friedrich Cockerell）的心血結晶，他於1889年出生於慕尼黑，先修習技術，再到當地幾家公司歷練，他在拉普（Rapp）引擎製造廠接觸了飛機用的轉動式星型引擎。他相信這種引擎可以裝在摩托車上作為動力，更好操控、舒適且有更好的防護。彌古拉就此誕生，這個名字來自支持計畫的Meixner、設計師克雷爾（但是為了唸起來好聽，姓氏字首的C被改成G），以及打造車架的Landgraf姓名字首。

他們打造出一輛低矮的摩托車，把手向後方延伸，坐上去有點像在坐扶

48 彌古拉的運動版本，從1923到1924年間，在幾項競速與越野賽中有成功表現。

49 彌古拉最初幾輛原型車是將星型引擎安裝在後輪上，才華洋溢的德國設計師後來將引擎安裝在前輪，以利散熱。在彌古拉之前與之後都有人設計與輪子結合的引擎。其中與輪子一起轉動的引擎由法國人菲力斯·米爾（Felix Millet）於1887年設計，而固定式的則包括1966年本田的P型引擎。

手椅。車架能幫騎士擋掉泥土和水，由
承重的金屬板製成，前輪能支撐離地（
以便發動），設計上具有未來感。

　　另一項傑出成就是四行程五汽缸
轉動式星型引擎，排氣量640cc，安裝
在前輪以利散熱，但卻沒有變速齒輪與
離合器。1922年這輛車開始生產，雖然
價格不菲，但因為具打破傳統的特色
與外觀，使它依然廣受好評且訂單不
絕。1923年，新的運動版本誕生了，引
擎經過強化，坐姿較傳統，採用低把手
以及截短且剛硬、沒有避震器的車架。
雖然引擎運作順暢且當時交通流量小，
但缺乏變速齒輪與離合器仍然成為阻
礙，需求開始減少，到了1925年公司便
走入歷史。

BMW寶馬 R32

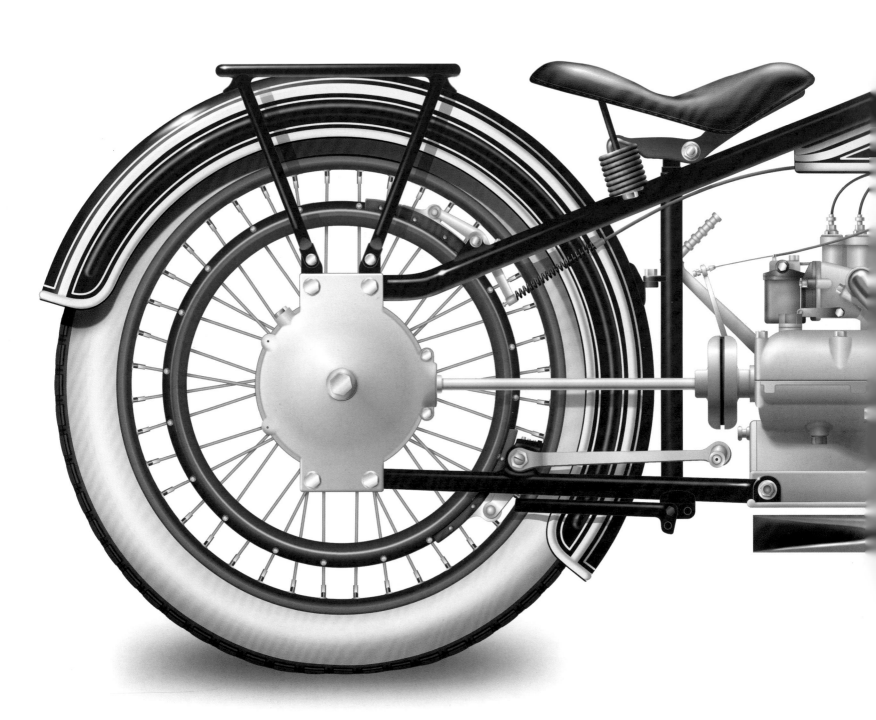

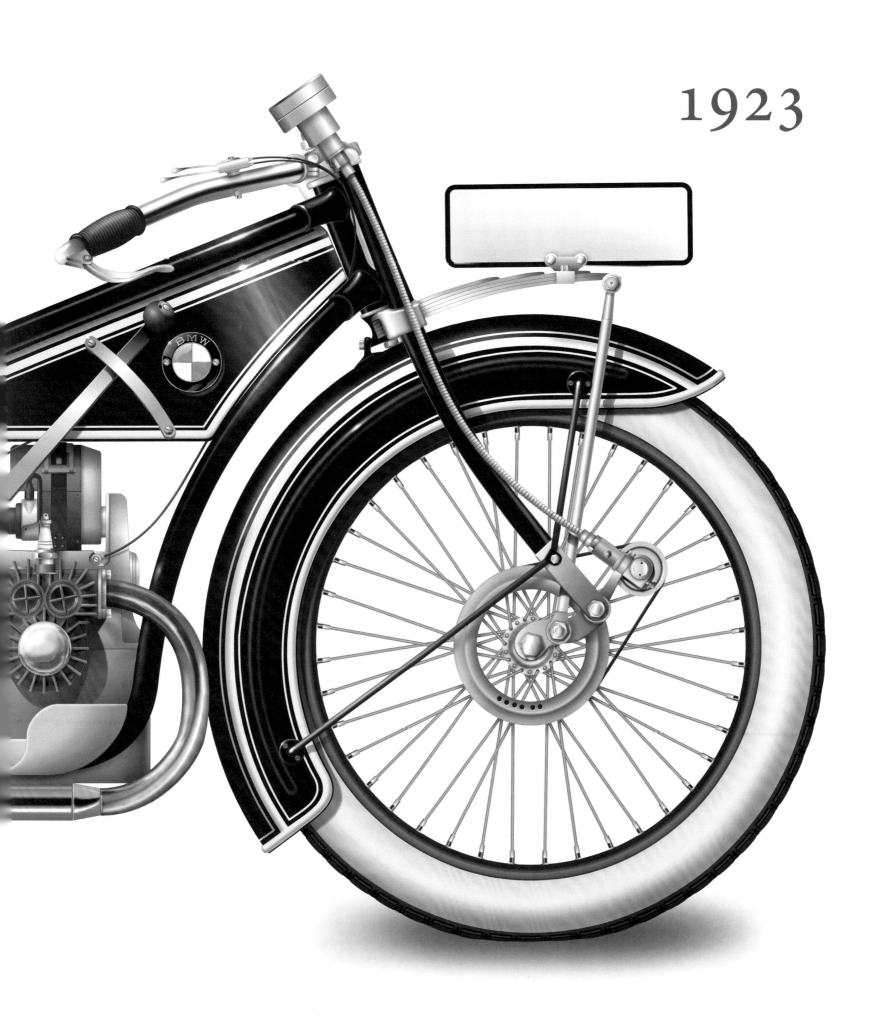

1923

毫無疑問，寶馬的水平對臥雙缸引擎是摩托車界的傳奇之一，最初製造可追溯到1923年，直到歷經80年光陰的今天，依然屹立不搖，是這家德國巴伐利亞摩托車廠的招牌代表。

巴伐利亞發動機製造廠（Bayerische Motoren Werke）成立前，原本是飛機引擎製造廠，當時也頗有知名度，生產的引擎曾用於威名遠播的紅男爵戰鬥機與福克戰鬥機。但隨著一次大戰結束，在凡爾賽條約限制下，公司被迫生產別的產品，以免落到關門大吉的地步，也因此才將腦筋動到摩托車生產上，相形之下這是價格較低且在全球市場快速成長的產品。管理高層包括佛朗茲・約瑟夫・帕普（Franz Josef Popp）、卡爾・拉普（Karl Rapp）以及麥克斯・弗里茲（Max Friz）都不贊成這個想法，但別無選擇。他們著手研發150cc小型單汽缸引擎，以及在道格拉斯（Douglas）製造廠的啟發下，研發中型的500cc水平對臥雙缸引擎，縱向置於車架上，創造出Flink與Helios，代號M2B15。這具雙缸引擎也賣給Victoria製造廠，安裝在該廠的KR1。不過這具引擎有一個問題待改良，那就是後側汽缸撞風的效果不如前側汽缸，因此散熱差。

52最上　從這張1923年的照片可以看到工廠內正在切割、沖壓出寶馬R32的車架。

52中 工人正忙著焊接R32的車架。整個寶馬廠房從最前端的作業開始，就致力於提升效能與精密度。

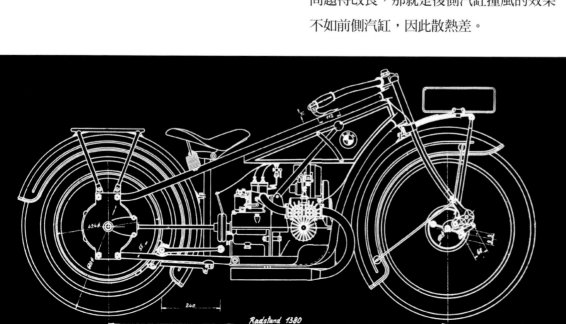

52最下　寶馬R32的原始草圖，以及相關的數字，比例尺為1：5。

52-53 此為1924年慕尼　　53最下 引擎總排氣量

黑工廠內的工人，當時　　494cc，缸徑×衝程

DAS NEUE

B.M.W.=RAD

DER

BAYER. MOTOREN=WERKE

A.=G.

MÜNCHEN

1922年冬季，一連串的意外發展促使寶馬正式進入摩托車領域。把冬天所需的暖氣準備好之後，Friz便把自己關在辦公室裡，當他踏出辦公室，一項扭轉這家慕尼黑製造廠命運的摩托車計畫也誕生了。

這位工程師最中意的是ABC車廠的對臥引擎，採用橫置，能確保兩個汽缸都有良好散熱。

以現有的對臥引擎M2B15為基礎，Friz進行了一些改裝，最重要的是將它旋轉了90度。側置氣門的形式一方面能降低成本，又縮短了製造時間與寬度。這位聰明的德國技師在變速箱

的部分並未採用皮帶這類的解決方案，因為在當時那已經跟不上時代了，他也不採用ABC所使用的鏈條，選擇另一種方式，那就是傳動軸，這後來也成為寶馬的另一項代表特色。車架是雙搖籃式車架，以高強度鋼管製成，構造簡單、耐用，而且強度足夠。它只有一個煞車，採環形煞車碟盤，位於後方。前叉的避震是葉片彈簧與連桿，位於擋泥板上方。這輛摩托車的體積小巧，且拜特別低的重心所賜，動態穩定。它仍然採用線條方正的箱型油箱，並置於上管下方，三速手動排檔桿則位於右側。

最重要的是它製造精良，所有細節都考慮周到，這點在1923年摩托車於巴黎正式推出時，大家都注意到了。光是用看的就能讓人留下良好的第一印象，坐上去一發動引擎更是如此。所有機件運作順暢，絕對能感受到其中工藝的精湛。引擎設計優異，外型簡單，體積也不大，安靜又好保養。

動力雖然不是很強，大約8.5匹馬力剛過3000rpm就能產生，有辦法衝到時速90公里，而且震動小。這輛摩托車要價2200馬克，到1926年為止共生產約3000輛。選購配件包括燈光系統、喇叭、轉速表，以及置於後行李架上的後座椅。

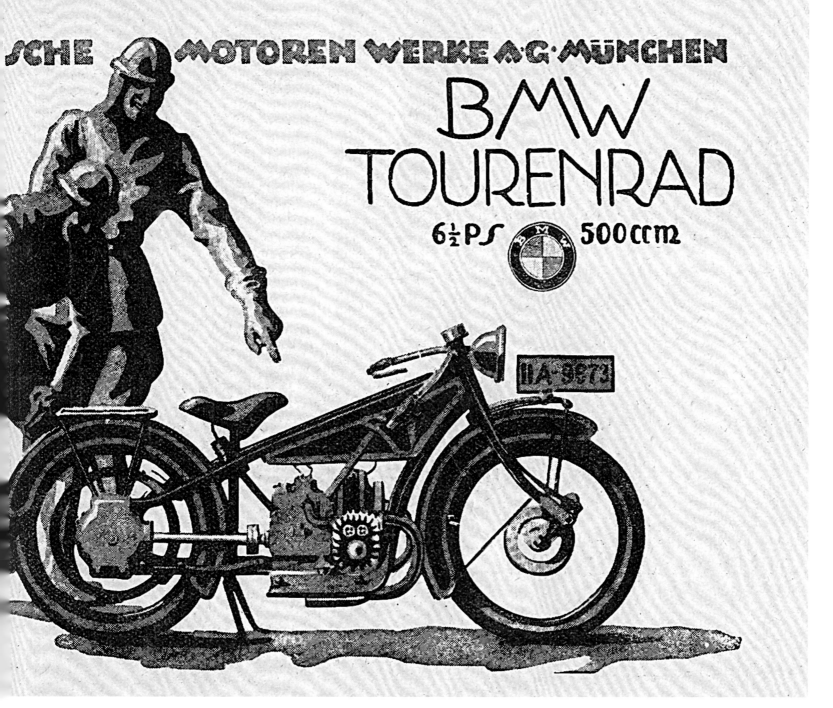

SCHE MOTOREN WERKE A.G. MÜNCHEN

BMW TOURENRAD

6½ PS 500 cm

54-55　由於R32具有良好的巡航速度，因此適合長途旅行，正如同當時一本畫刊上的這張廣告所展示（慕尼黑，1923）。

55最下　1923年，一群車迷與騎士在德國城市的街道上與他們的R32合影，左側還能看到一輛R37。

INDIAN BIG CHIEF
印第安 大酋長

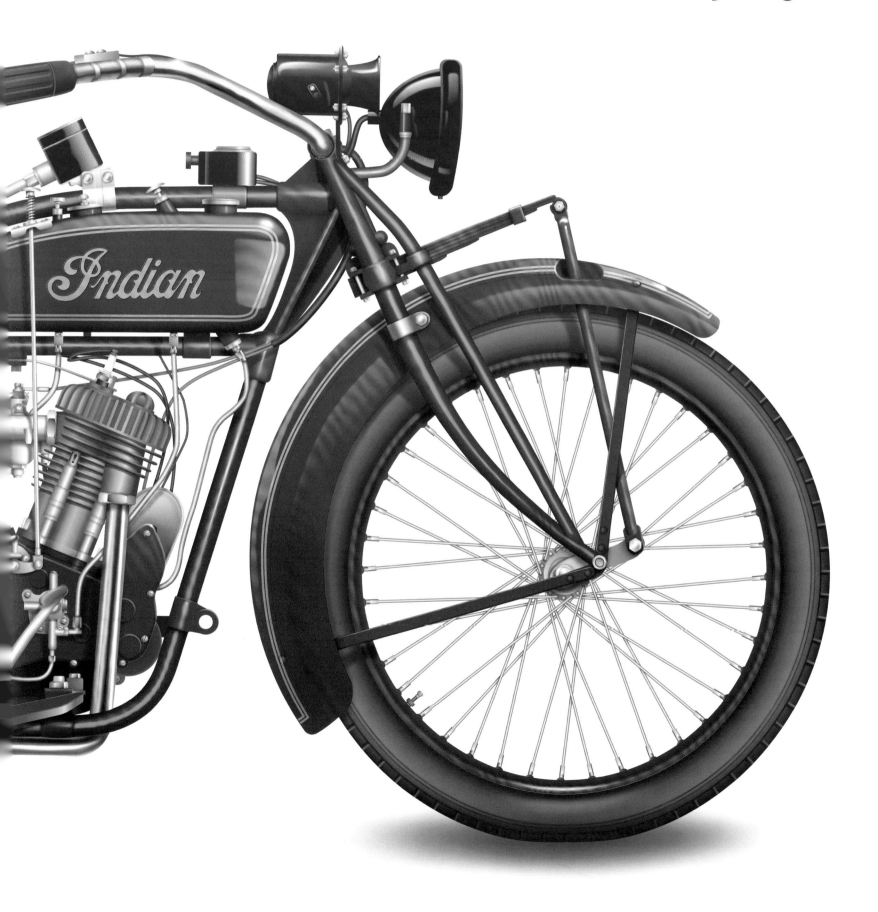

1923

58最上 奧斯卡・格弗雷（Osca Godfrey）騎著印第安摩托車在曼島TT大賽的正賽中越過終點。（1911年7月5日）

58-59 1923年，以1000cc的酋長為基礎的大酋長現身，擁有42度夾角的V型雙缸引擎，新擴增至1200cc。同年，這家製造商歡慶他們製造出第25萬輛摩托車。

大小顯然至關重要，排氣量大小尤其如此。摩托車品牌間的競爭持續數十年不衰，對抗的戰場在價格、在產品線有多廣、在作工細節，還有cc數，也就是引擎容積之爭——在印第安與哈雷之間更是激烈。美國的摩托車愛好者對大摩托車向來特別著迷，因為這種摩托車很適合騎在遼闊的美國國土上長距離漫遊。至於在歐洲，那些想嘗試不同風格、厭倦了完美但欠缺個性的平凡摩托車的騎士，也喜歡大排氣量摩托車。20世紀最初十年，美國大約有200家製造商，但只有少數幾家能撐到下一個十年。

印第安就是其中之一，多年來也是名聲更響亮的哈雷雙缸摩托車可敬的對手。氣勢不凡的印第安酋長（Chief），引擎容積足足有1公升，接著在1923，更強大

的大酋長（Big Chief）問世了。

它的名稱無疑傳達出在機械方面的水準和重要性。42度V型雙缸引擎，缸徑×衝程為80×112mm，達到龐大的1200cc排氣量，這個數字在當時相當罕見。作工細緻、非常有吸引力，還有敏捷的動力表現，都是這輛品牌代表作的特色，它在賽道上的征戰也贏得了好名聲。其實印第安的聲譽主要是由呼嘯奔馳於世界各地賽道的摩托車所建立，較不是因為生產大型摩托車而聞名。位於麻薩諸塞州春田市的公司總部了解到不但要透過廣告宣傳自己的摩托車，還要參加各種競賽並獲勝才行。這個策略是卡爾·奧斯卡·海德斯頓（Carl Oscar Hedstrom）與喬治·亨狄（George Hendee）所深信不疑的，他們一位是自行車手，專精於以摩托車為前導車的賽事，另一位則是自行車製造商及比賽承辦人。

海德斯頓不滿意自己那輛類似德狄翁（De Dion）的動力協力車，速度慢到連腳踏車都能超越。因此在1900年，

他決定自己打造一輛摩托車。當亨狄看到了以後，他知道只要稍微修改就能成為一個可以賣給大眾的好產品。兩人合夥創立了亨狄製造公司，從1901年開始生產稱為「印第安」的摩托車，以紀念美洲印第安人。同年該公司還有一件大事，就在這年印第安決定參加倫敦車展，展示它們剛生產的摩托車。此舉相當了不起，當這家公司還在忙著創造出它們的第一輛摩托車，就已經胸懷大志要揚名國際。正如先前提到的，他們也透過賽事來達到這個目的。1911年他們首次獲得成功，參加曼島TT大賽，英國車手所騎的印第安摩托車包辦了前三名。這個以V型雙缸為特色的摩托車品牌愈來愈出名，在1920年代初期，酋長與大酋長降推出時達到了高峰。從20世紀初打造出三輛車開始；到1912年為止累計生產了2萬輛；到了1920年產量更達到4萬輛的高峰。

59 印第安摩托車有堅固的車架與引擎，因此常搭配側邊車用以運送貨物，也用來載人。

EXCELSIOR 伊克賽希爾
SUPER X 750/1000

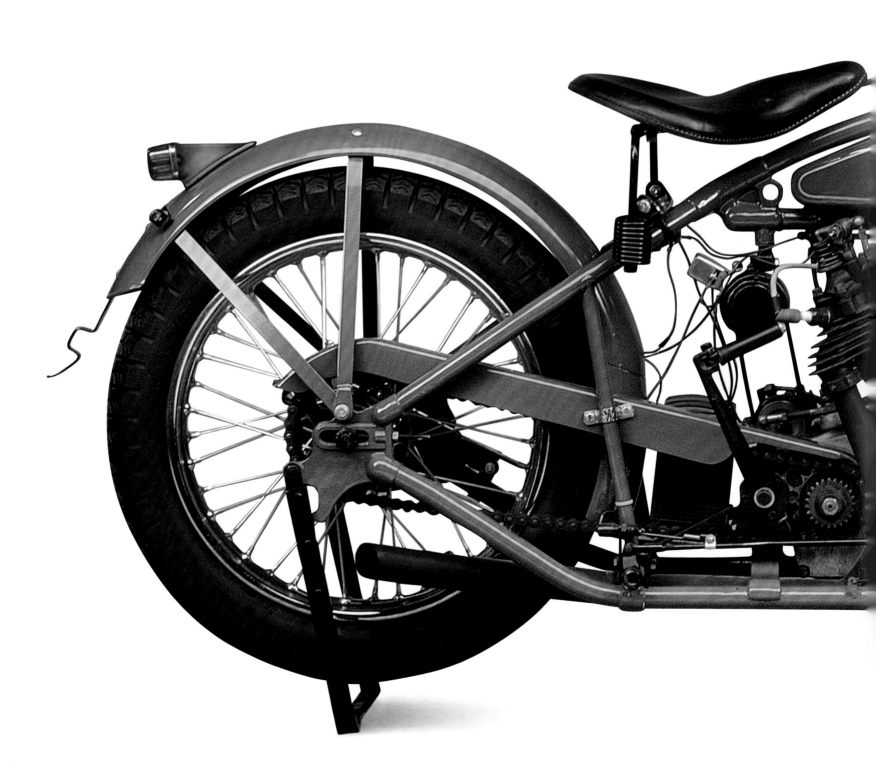

1924

先 澄清：看到Excelsior（「不斷向上」的意思）這個字，我們並不是要介紹登山，因為這裡談的是在美國芝加哥生產的摩托車，配備大型的V型雙缸引擎，曾經短暫與美國兩大製造商並駕齊驅，那就是閃耀著光環的哈雷與印第安。

20世紀初，許多新公司如雨後春筍般出現，投入摩托車生產，而市場也不斷快速成長。伊克賽希爾摩托（Excelsior Motor）公司於1908年在芝加哥由伊格納斯·施文（Ignaz Schwinn）創立。這家製造商一開始推出的產品並未特別吸引人或創新，還在設法站穩腳步。伊克賽希爾觀察當時特別成功的哈雷摩托車後，在一次大戰爆發前夕推出1000cc的V型雙缸引擎。不過直到1920年代中，伊克賽希爾才在美國的摩托車界贏得一席之地。1924年，靠著過去累積的經驗，該公司推出750cc的Super X，之後還有1000 cc的版本，受到相當程度的歡迎，並出口到許多歐洲國家，包括義大利，但為數不多。這是一部精心打造摩托車，任何細節都不放過，而且價格划算，足以媲美同時期其他美國的大型雙缸摩托車。它的命運卻和這家製造商本身一樣曇花一現。華爾街股市崩盤讓施文非常擔憂，他當時還買下韓德森（Henderson），這是另外一家公司，以製作四汽缸的車型聞名。在看清楚無法讓這家公司挺過持續惡化的經濟局勢後，伊克賽希爾的故事也在1931年畫下了句點。

62最上　1922年，威爾斯·班奈特·韓德森（Wells Bennett Henderson）騎著基本款的韓德森k Deluxe摩托車，在華盛頓州的塔科馬賽道（Tacoma Speedway）創下24小時行駛2513公里的世界紀錄，平均時速為104.6公里。

62最下 大馬力的四汽缸摩托車搭配側邊車，這是伊克賽希爾最頂級的車款，該公司也買下了韓德森公司。

62-63 伊克賽希爾─韓德森（Excelsior-Henderson）早期的摩托車，攝於1917年芝加哥的一座公園。這座位於伊利諾州的城市也是此美國品牌的根據地。

BROUGH SUPERIOR
優越布魯1000
SS100

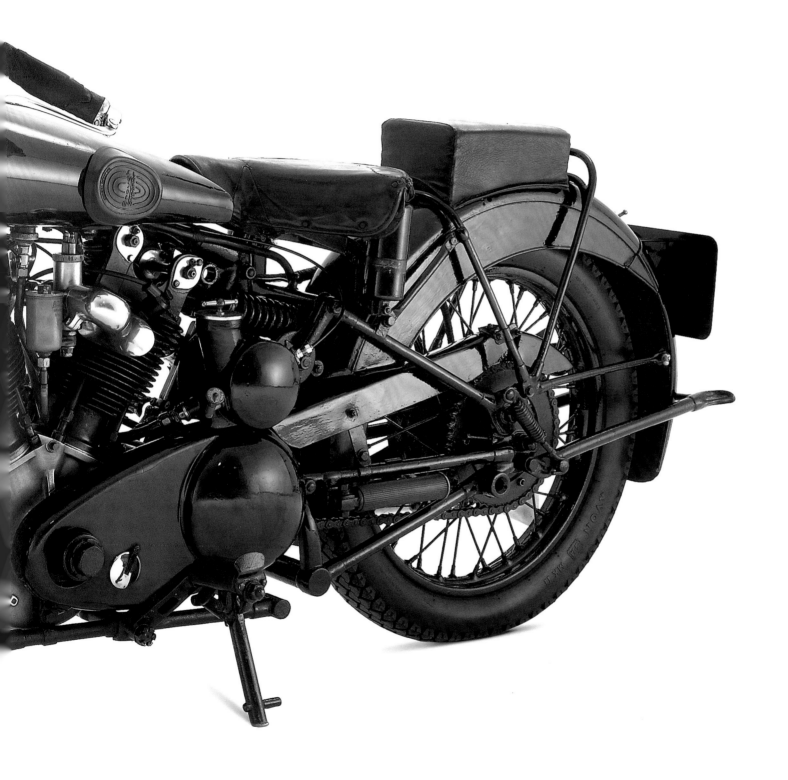

66 優越布魯是阿拉伯的勞倫斯最愛的摩托車,他在1935年5月13日騎著他的SS100喪命於車禍中。這張攝於1930年代的照片中,他穿著英國皇家空軍制服,坐在他的摩托車上。

66-67 黑色油箱與側面的鍍鉻零件,是這家位於諾丁罕的製造商的招牌,它的徽章位於漂亮的流線型油箱後端。

67 SS80是家族小老弟,它的縮寫代表它能達到的最高英里時速,此處由一位1930年代的英國警官所騎乘。

這是T. E.勞倫斯（T. E. Lawrence）最喜歡的摩托車，他就是聞名的「阿拉伯的勞倫斯」，在他短暫又混亂的一生中擁有七輛之多。對摩托車、速度與冒險有狂熱，他愛上了優越布魯，這種獨具一格、接近完美的摩托車，就性能、可靠度及價格來說都是頂尖之作。數十年來被譽為摩托車界的勞斯萊斯，可說名不虛傳。勞倫斯是喬治・布魯（George Brough）的朋友，為摩托車進行調整時勞倫斯會出現在工廠。傳說有一個星期五他進入工廠大門，換掉車上磨耗的輪胎。星期一他又來了。技工知道這位上校向來豪邁，以為又有什麼東西故障了。

結果不是，摩托車如同往常一樣完美運作，引擎就像新車一樣順暢。他忽然光臨的原因是他又需要再換一次輪胎了。過去幾天歷經1600公里的連日全速奔馳後，輪胎又磨光了。

對優越布魯來說，長距離全速奔馳沒有任何故障只是小意思。正如同這輛車的名稱，它是很棒的摩托車，比其他

平庸的摩托車更加優異。

喬治・布魯的父親威廉是一位礦工，他決心成為摩托車製造商。加入父親的事業後，喬治決定自立門戶成立自己的公司。他抱持不同的理念，他認為摩托車如同珠寶首飾，除了運動感，也應該是既奢華又精緻的。就算買家不多也無所謂，重要的是推出高級的產品。1919年，他於諾丁罕創立了優越布魯，這也是他出生的城市，但也因此讓父親的摩托車相形遜色。為了專注於鞏固品質，他決定不自己打造引擎，一開始採用Jap，之後則選擇了Matchless製造商的引擎。至於汽缸數以及排列方式，他很快就決定採當時既流行且可靠的V型雙缸。

第一輛摩托車於1920年問世，搭載了Jap 1000 cc的OHV頂置氣門雙缸引擎。機械結構的品質優異，還有它的車架，以及對於細節處理幾乎偏執的投入，都讓摩托車愛好者為之著迷，他們渴望有新的摩托

車，不但具有賽車的性能，也要能在日常使用中騎到當時崎嶇不平的路面上。

1923年，SS80開始生產，80代表它能輕易加速到時速80英里（130公里）這絕對不能算慢，但次年柏特・勒・瓦克（Bert Le Vack）所騎的、專為打破紀錄所準備的優越布魯創下時速191.590公里就讓它黯然失色。

將前一輛摩托車作為開發基礎，1925年布魯在倫敦車展推出可說是這家諾丁罕製造商的代表作——SS100。它搭載了Jap 1000cc OHV頂置氣門引擎，時速可達160公里。這家製造商發給每位買家一份聲明，保證可以騎到這個速度。其實每一輛摩托車在售出之前，都經過逐一測試，確保這項聲明正確無誤。特別要提出的是，從1936年起，到二次大戰爆發為止，優越布魯開始採用Matchless的引擎。接著大戰結束，這家公司也不再生產摩托車，讓要求最高、最有錢的摩托車迷徒留遺憾。

MOTO GUZZI 摩托古奇
GT 500 NORGE 挪威

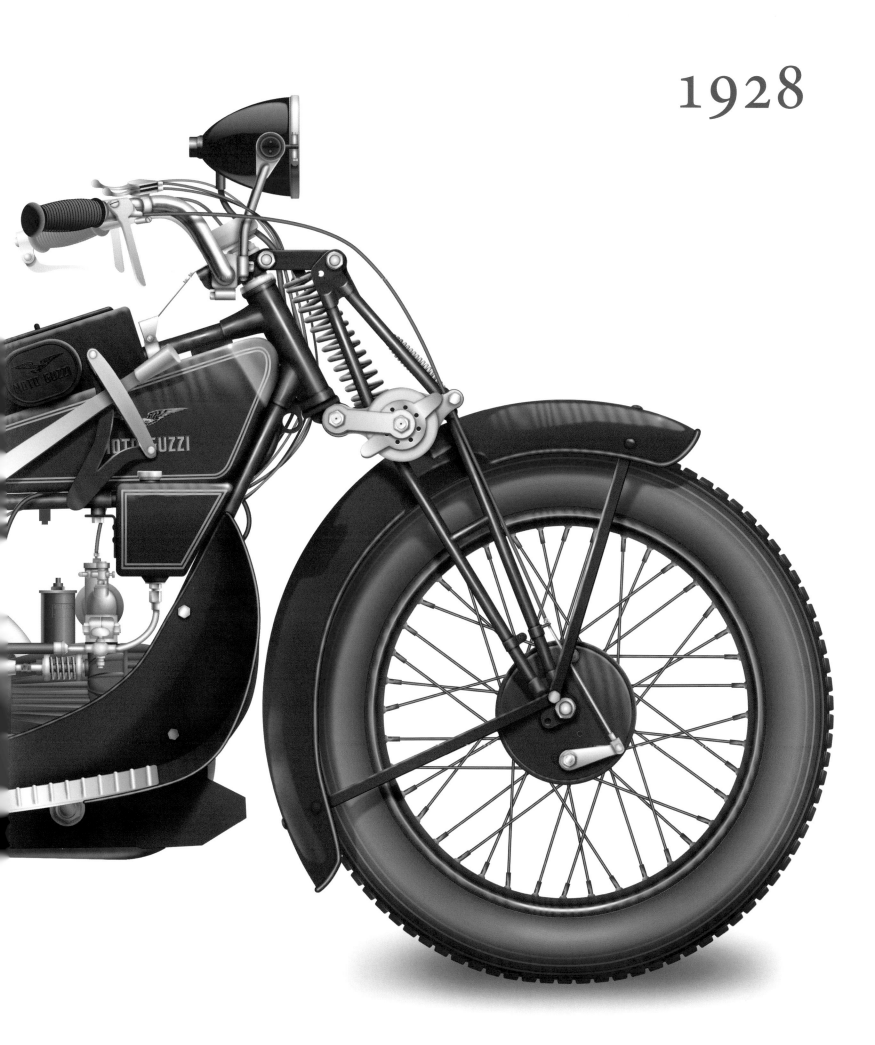

1928

70-71 摩托古奇GT 500常被稱為挪威，因為朱塞佩騎著它勇闖北極圈，這也是該製造商第一輛車架具有避震功能的車款。

MOTO GUZZI

在2006年，摩托古奇推出了頂級車款，具有整流罩的1200，這款車適合長途旅行，被命名為「挪威」。這家車廠來自曼德洛德拉利歐（Mandello del Lario），是摩托車歷史上最重要的廠牌之一，最狂熱的車迷也為之興奮。早在更久之前摩托古奇就推出了代表性的GT 500。1920年代我們已經看到過，大多數的摩托車都採用無避震的剛硬車架。但當時許多道路一點都不平坦，大多數都未鋪設，滿是坑洞，哪怕再舒適的座椅都於事無補。這點讓卡洛（Carlo）的弟弟朱塞佩・古奇（Giuseppe Guzzi）很困擾，這位年輕又有巧思的工程師愛好旅遊，已經開始參與這個家族企業。1926年被暱稱為Naco的朱塞佩研發出有避震效果的彈性古奇車架，解決了舒適性的問題。這個聰明的解決辦法就是利用搖臂及兩根連桿，透過許多置於引擎下方的彈簧來帶動，就像是一個箱子，而且是整個鋼管、金屬板製的雙搖籃車架的一部分。1928年，以Sport為基礎新開發出新的單缸引擎車款發表了，但是大眾卻反應冷淡，因為仍有許多摩托車迷認為後懸吊系統不利穩定行駛。車型名為GT 500又稱「挪威」，因為朱塞佩騎著原型車完成了斯堪地那維亞半島以及北極圈之旅。這趟大約6000公里的旅程，不但考驗了已經安裝在其他車款且備受讚賞的引擎，最重要的是全新的車架——不但能提供絕佳穩定性，同時也帶來前所未有的舒適。

1929

BIANCHI 比安奇
FRECCIA D'ORO金箭 175

在 1920及1930年代，有一家義大利製造商是最重要的摩托車賽事中的常勝軍，那就是來自米蘭的比安奇。

它由埃德拉多·比安奇（Edoardo Bianchi）創立，這位出身平凡的年輕人從小在歷史悠久的馬丁德（Martinitt）孤兒院長大，這個機構在19世紀末期總部就在米蘭。比安奇的公司原本生產腳踏車，而生產摩托車的第一步是把引擎裝在腳踏車上，但沒多久比安奇和他的朋友兼生意夥伴吉安·弗南多·托馬塞利（Gian Fernando Tomaselli）察覺到摩托車的發展潛力與大眾的興趣，他們就瘋狂投入，在20世紀初開始生產堅固、作工精細且具競爭力的摩托車。

他們有350cc與500cc的單缸引擎，還有600cc雙缸引擎。1924年他們推出著名的Freccia Celeste天箭350賽車，次年則有輕量的175cc摩托車進入市場。

這輛單汽缸四行程摩托車的理念是要能讓人負擔得起，對象包括預算有限的摩托車愛好者，以及需要上下班交通工具的人。經過四年醞釀，金箭175誕生了，包括旅行（Turismo）及運動（Sport）兩種版本。這輛全新的摩托車擁有過去車款的所有優點。水滴型的油箱使它的線條更摩登，還有精緻的細部、完美的組裝、絕佳的用料，以及精密的鑄造零件。它採用長行程的OHV頂置氣門單汽缸引擎，保留先前車款的耐用與省油而且更有力，能讓旅行版本達到時速80公里，而運動版本更突破時速100公里大關。考量到它有限的汽缸容積，這已相當不易。這輛划算的摩托車要價3750里拉，運動版本為4250里拉，如果選購電氣系統則要再加價。若交通法規對於它的發展有所阻礙，那麼它就注定不會成功。

所幸當時的情況正好相反，至少在義大利是如此。墨索里尼政府體認到大眾交通機械化的重要，通過了有利於175cc以內輕型摩托車的新法規。不須要牌照，免繳車輛稅，也不必駕照。這實際上就是政府提出基本的誘因。

比安奇開始接到許多訂單。1929年摩托車誕生，並於1930年1月的米蘭摩托車展正式推出，之後很快上市。年復一年，金箭不斷改良。引擎經過小幅度修改，化油器一開始由Amal提供，後來改用Gurtner及Binks廠牌。1932年開發出金屬沖壓前叉。

墨索里尼有好幾次都騎著迷你的金箭現身，也算對它實至名歸的成功有一些貢獻。儘管如此，這輛摩托車的命運就跟比安奇一樣沒有延續太久。1935年，新的道路規範實施，要求車輛必須有牌照，同時還要對車子課稅。從此，吸引消費者選擇汽缸容量這麼小的摩托車的誘因便消失了。

75最上　一群國家巴利拉組織的年輕人，騎著比安奇小摩托車在羅馬街頭遊行，在法律允許下，不必駕照就能騎。

75最下 1917年，占地很廣的比安奇米蘭工廠俯瞰圖。這家位於倫巴底的製造商總是領先群「輪」，採用高品質的材料，展現絕佳的製造品質。

74 義大利獨裁者墨索里尼經常騎著比安奇的小摩托車，旨在推廣屬於老百姓的機械化大眾運輸工具。新的比安奇175計畫由馬利歐‧巴爾迪（Mario Baldi）主持，這位天才技術人員已經成功設計出天箭350賽車。

速度不斷提升，且愈來愈美觀的摩托車開始問世，並非只有口袋夠深的車迷才能擁有。但世界大戰即將爆發……

E.RUPRECHT

LITH.ARMBRUSTER BERN

GROSSER PREIS
DER SCHWEIZ 15.-16. AUG.
BERN 1931

摩托車的世界正準備進入關鍵的20年。在此之前的幾年有許多製造商如雨後春筍般投入市場，但礙於1920年代末期的經濟不景氣，許多製造商（大多是以手工打造摩托車的廠商）就此消失。

有辦法生存的，都是靠嚴密的組織、適當的投資以及製造精良的摩托車。險惡的狀況再度因為汽車開始大量出現而更加惡化，尤其是福特T型車。四輪車輛比摩托車舒適，甚至有些還比摩托車便宜許多。然而摩托車依舊是自由的象徵，騎摩托車的人似乎更有冒險精神，有時對危險更是嗤之以鼻，也更愛找刺激。整體來說，摩托車被一股誘人而刺激的光環所包圍。摩托車製造商忙於打造更多車型滿足愛好者。相互較勁性能、精緻的細節，以及避震。沒有避震的剛硬車架被五花八門的新發明取代，讓摩托車更加舒適外，最重要的是增進了行路性。1930年代初期，仍有不少人對於後懸吊的避震功能抱懷疑態度，他們認為剛硬的車架對於行車穩定更有幫助，但在製造過程更加精密，以及經

77 比利時製造商FN從軍火生產轉到摩托車生產，1925年製作了這張亮麗的海報。

78 這張氣勢懾人的影像由恩斯特·魯普雷希特（Ernst Ruprecht）設計，宣傳1931年的瑞士格蘭披治。

79 當摩托車比過去更容易操控也較不吵雜，摩托車也開始受到大眾歡迎，甚至包括要求婦女平權的人士，如同這張攝於1932年的英國的照片所示。

過道路測試後，這些人的觀點很快被扭轉。前避震也因為BMW在1935年推出R12及R17車款，具有避震器的潛望鏡式前叉而隨之進化。從車架開始，摩托車整體的設計也改變了。原本是管狀的，後來經過不同的嘗試，也多少有所成功，像是利用滾軋的金屬，例如Nimbus，還有沖壓金屬板製成的寶馬、DKW，再到偉士牌及蘭美達（Lambretta）。而油箱又有什麼改變？通常線條剛直如箱狀的造型，也變得更加圓潤，並且改為置放在車架金屬管的上方。至於引擎，最重要的區別在於選擇耐用但性能較差的側置氣門引擎，或複

雜但性能會比較好的頂置氣門引擎。因為一些原因讓後者成為優選，況且性能的競賽已經展開。在賽道上以及一般道路上，或是穿越田野的摩托車競賽以兩倍、三倍的速度成長。難度愈來愈高，距離愈來愈長，也更加有知名度。

然而在這段期間，戰爭的威脅也漸漸逼近。二次世界大戰對摩托車生產有重大影響，它常被視為一種快速又便利的交通工具，每個國家都加入這個行列。一些製造商將他們的產能投入，以因應戰爭的新需求，經常是以增加側邊車的方式運送另一名士兵，也許還配備了機關

槍。其他的製造商則完全以軍事用途為考量，設計全新的車款，如寶馬R750側邊車。世界知名製造商都開始投入軍用市場，英國有艾瑞爾（Ariel）、BSA、諾頓（Norton）及凱旋（Triumph）；義大利有比安奇（Bianchi）、吉雷拉（Gilera）、古奇（Guzzi）及Sertum；法國是赫內紀列（René Gillet）與Gnome et Rhône；美國有哈雷跟印第安。

摩托車產業同樣快速因應戰後的新需求。第一具平價微型引擎與機動腳踏車的誕生就是為了提供便宜而大眾化交通工具，也催生出兩種經典的速克達。

80-81 隨著二次世界大戰爆發，配有側邊車的摩托車成了能快速運輸的交通工具。照片中為德國士兵帶著防毒面具執行任務。

81右上 德國士兵在二次大戰期間騎著寶馬摩托車領著一支武裝車輛與坦克部隊。

81最下 一開始摩托車主要用於運送武器，但要求更快速與更高機動性的軍事單位旋即也要用到摩托車。照片中為1940年代配有摩托車的美軍部隊騎乘哈雷機車。

81左上 慶祝義大利警察部隊成立27週年，墨索里尼正在閱兵，照片中是騎在摩托古奇摩托車上的士兵。

ARIEL 艾瑞爾
SQUARE FOUR

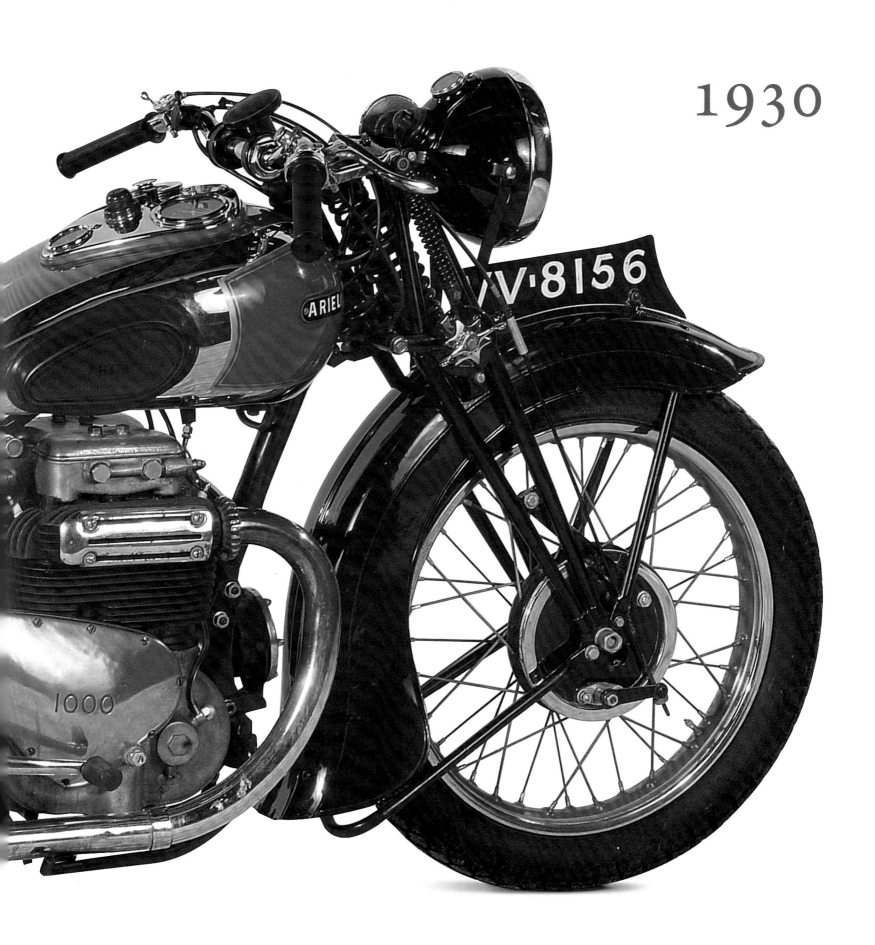

1930

安靜、用途廣泛、尊貴,且體積如同單缸引擎摩托車。艾瑞爾Square Four過去如此,至今仍然不變。這款摩托車中的經典,適合長途但悠閒的旅行。 意思並非它的四汽缸引擎力道不足,而是這樣的設計目的旨在創造出一輛有別於同類型的其他車款、獨具特色的摩托車。

以方形並列四缸的方式打造引擎的概念,出自一位無師自通的年輕技師:愛德華‧透納(Edward Turner)。他對引擎懷抱熱情,也深信方形並列四汽缸和現行傳統的直列多汽缸引擎相比,不但散熱更好,在縮小體積上也有前所未見的優勢,可媲美簡單的單缸引擎。抱持這個信念,這位年輕人向不同摩托車製造商拋出這個想法,但都沒有結果。這個設計被認為有風險又不安全,只有艾瑞爾的老闆查爾斯‧桑格斯特(Charles Sangster)與技術總監瓦倫廷‧佩吉(Valentine Page)不這麼想。這家總部位於伯明罕的傳奇英國車廠,當時需要在市場上推出新的車款。這項計畫於1930年實現,在倫敦車展展出這輛具並列四缸引擎的摩托車。

它的汽缸排列方式特殊,產品的高貴表現在超過75英鎊的價格跟精細作工上。這輛摩托車迅速獲得富裕車迷的肯定。原先的汽缸容量為500cc,後來不斷在機械與技術上改良,在摩托車騎士眼中,這輛車在1936年達到它的巔峰,當時加入了較大排氣量又特殊的1000cc引擎。

到了1959年,Square Four才從摩托車界光榮退休。

RENÉ GILLET 赫內紀列
TYPE L 1000

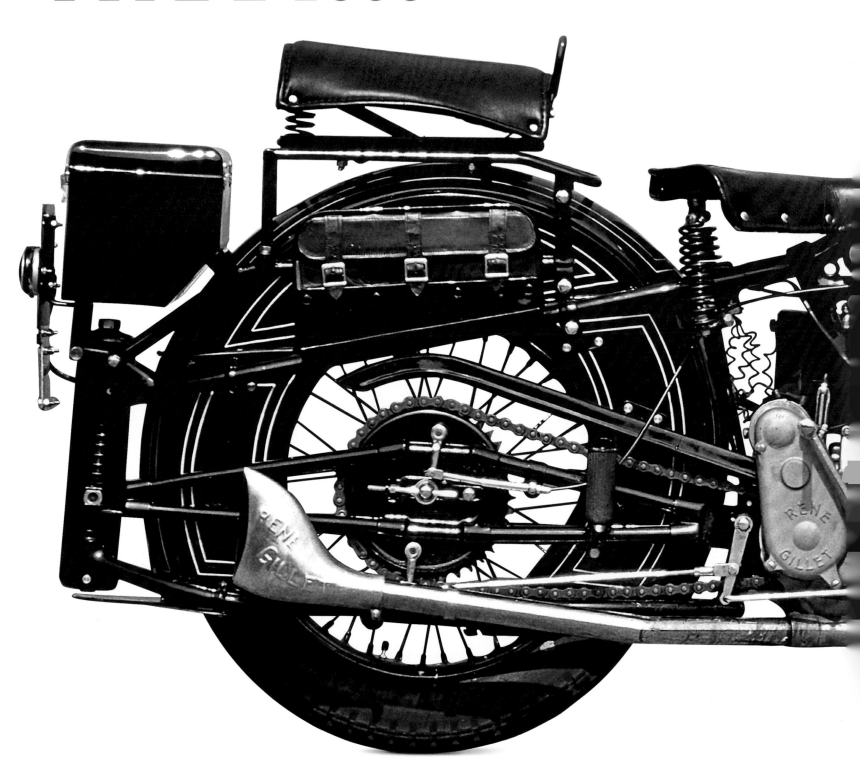

1932

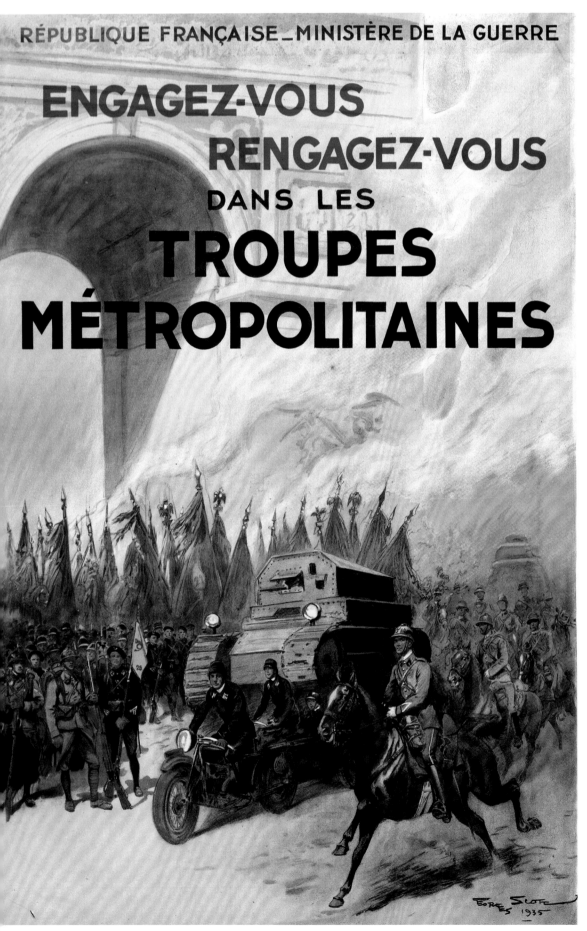

ENGAGEZ-VOUS
RENGAGEZ-VOUS
DANS LES
TROUPES
MÉTROPOLITAINES

這輛法國的雙缸車具有鮮明的奇特個性，因為它那45度角V型雙汽缸引擎，被認為是歐洲的哈雷，摩托車迷對它的感覺往往呈兩個極端：不是愛上就是不喜歡；不是著迷就是無感。主要有兩個原因。首先赫內紀列（René Gillet）這個廠牌在法國以外並不出名，但1920與1930年代卻在法國國內名聲響亮，尤其是因為它的產品為法國陸軍所採用。其次是在技術層面的原因——該廠牌的車採用了避震車架。雖然這是具巧思的解決辦法，但也很容易被視為無用又複雜的東西，對摩托車的設計有扣分作用。

該公司原本總部位於巴黎，後來遷至蒙特胡日（Montrouge）。它成立於19世紀末，以創辦人為名。和其他人不同，紀列一開始做的並不是腳踏車。他對機械有狂熱，因此立刻把目標鎖定在打造摩托車上。他想盡辦法克服財務與技術上的困難，一具接著一具引擎地不斷研發，直到終於打造出自己的第一輛摩托車。有的人欣賞這輛車的原因是它以有趣的方式解決技術上的難題。不斷改良加上製造商參與各項法國主要賽事，使品牌名聲更加響亮。較出色的是500cc及750cc車款，力道足且最重要的是扭力大，適合搭配有側邊車的摩托車。在賽道上經常讓BSA、印第安、新哈德遜（New Hudson）等競爭對手望塵

88 法國陸軍最早採用的摩托車並沒有獲得騎兵隊高級軍官太多的認可，因為車輛噪音經常會嚇到馬匹。

89 配置側邊車的軍用摩托車，在吉普車出現後被取代，因為吉普車較容易駕駛，也更適合執行運輸任務。

莫及。

一次大戰才結束，赫內紀列就開啟了一段光輝歲月，它配有側邊車的雙缸摩托車獲得法國陸軍正式採用，時間超過十年。在這一段不斷創新的時期，赫內·紀列車廠的基本信念卻一如既往。

主要的革新包括放棄當時已經過時的平直油箱，以及1公升容積V型雙缸引擎的問世。實際上這並不是一具全新引擎，不過就是將750cc引擎擴大缸徑而來。這家製造商的原則：與其貪多卻做不好，不如專注少數幾件事。這也是為何500cc與1000cc車款共用相同車架的原因；單缸與雙缸引擎的結構相同，而不同容積的引擎都是透過縮減與擴大缸徑而來。這些是致勝的決策，從較大的1000cc立刻獲得肯定、從它被譽為最適合搭配有側邊車的摩托車的耐用引擎，就能看出來。不但如此，車廠還推出避震車架，供喜歡這項設計的消費者選購。這項功能獨特又令人興奮，由紀列本人設計，採用搖臂與位於後輪後方的兩個減震彈簧。避震行程不長，但就提供良好的舒適度而言已經綽綽有餘。這項設計不利操控性與高速過彎，因為裝置的重量大且集中在車尾，會使車輛動態趨於直行。

儘管如此，赫內紀列摩托車是成功的賽車。1932年，這輛有美式風格的側置氣門雙缸引擎摩托車，歷經最後一次的改良，也就是新增四速變速箱，它到達了完全成熟的狀態，在當時可是令人印象深刻的設計。

BMW寶馬 R17

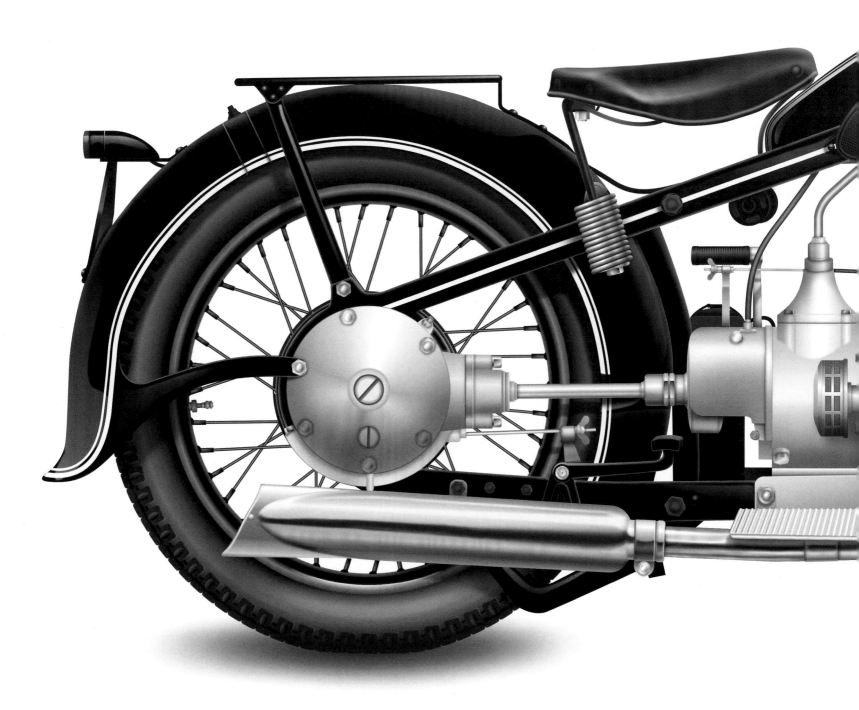

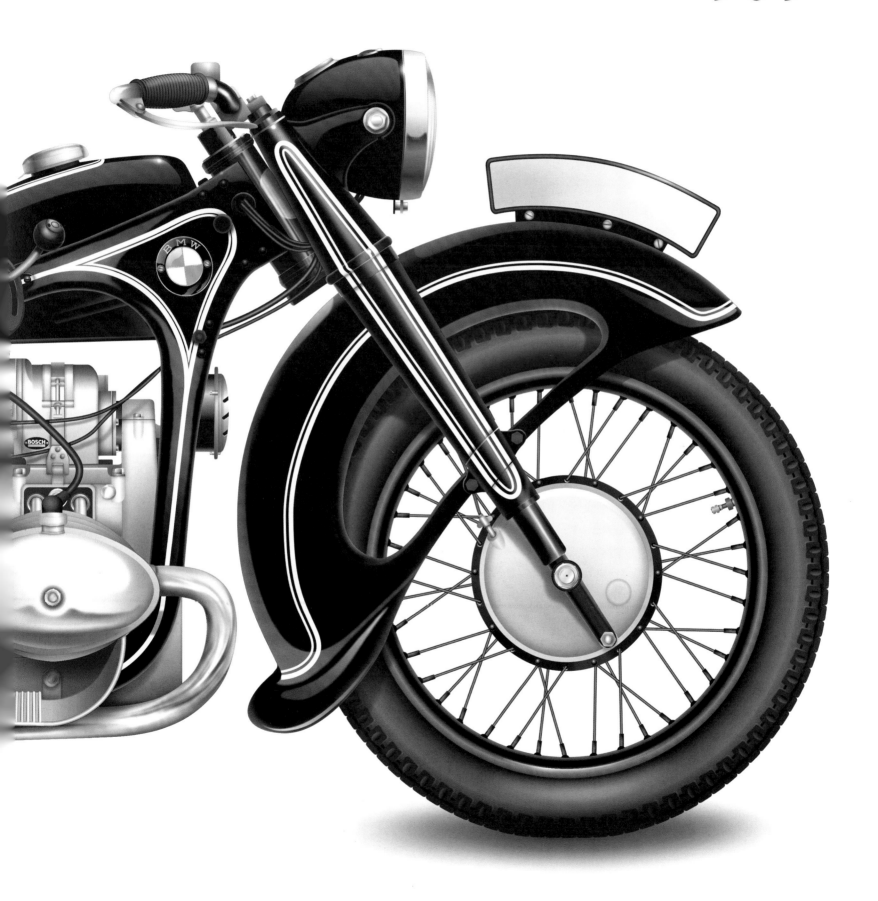

1935

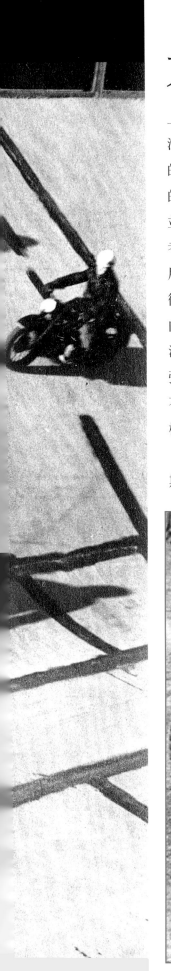

不但擁有傑出的性能，運動化的寶馬R17以及姐妹車款R12稱得上是革命性的產品，因為採用了最早的潛望鏡前叉及液壓減震桶。這項世界級的創新，讓在此之前所有摩托車所採用的解決方式都顯得落伍。這種前叉本身並不是破天荒的創舉，因為布里頓‧史考特（Briton Scott）就曾經在20世紀初用於摩托車上。但寶馬系統的優勢在於徹底檢討了這個機構，它採用非常長的內部彈簧，確保避震功效，尤其是利用液壓減震桶改善了避震的作動，避免回彈。這樣的解決方案不簡單，製造上也不便宜，但卻能帶來絕佳的舒適感與同樣驚人的行路性。

這是原創又有效的發明，經過初期實驗後，這家德國製造商，於1934年決定嘗試將魯道夫‧施萊希爾（Rudolf Schleicher）設計並註冊專利的潛望鏡式液壓減震前叉用於R7（當時還只是原型車），以及R11。次年生產出新的750cc車款取代了R11及R16。車架仍然為鋁質沖壓製成，引擎是已經獲得讚譽的水平對臥雙缸引擎，R12的引擎為側置氣門以求平順，運動化的R17則為頂置氣門。然而，真正的創舉還是潛望鏡式液壓前叉的採用，一開始稱為液壓前叉。拜這項技術之賜，R17成了那個時期最炙手可熱的車款，好比1930年代的超級摩托車。穩定、舒適、耐用，引擎能輸出33匹馬力，比起採用側置氣門的姐妹車款幾乎是雙倍，因此速度也快到不可思議。它的稀有是因為要價2040德國馬克，而且在1935到1937年間僅限量生產了434輛。

92-93 1935年，騎著寶馬R4與R17的騎士奔馳在寶馬位於慕尼黑的測試道路。

93 寶馬的可靠度廣受肯定，因此用於穿越崎嶇的地形。在這張1936年的照片中，R17側邊車被當成中非狩獵之旅的交通工具。

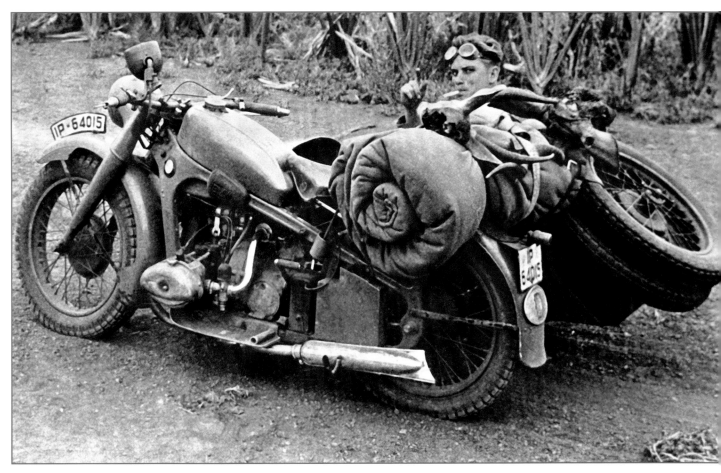

TRIUMPH凱旋
SPEED TWIN 500

1937

在20世紀初成立的公司數以百計，其中僅有少數有辦法存活下來，有幾家試圖重新振作，但還是失敗了。來自英國的凱旋在黃金時期的1940、1950及1960年代以優異的摩托車聞名全球，之後歷經一連串打擊，特別是日本摩托車大行其道，讓該公司陷入危機，並導致它在1983年一度關閉。然而在1990年代初期它又復活了，再次於世界摩托車界占有重要的一席之地。它現在就如同100年前那樣的成功。這家英國公司的創始其實要追溯到20世紀初，正確來說是1902年，當時西格夫里·貝特曼（Siegfried Bettmann）與莫里茲·舒特（Mauritz Schultre）決定：除了腳踏車外也要投入摩托車製造。第一步是把一具雙缸引擎安裝上去，兩人獲得密內瓦（Minerva）製造廠協助，提供了他們一具300cc引擎。沒多久，設計經過改良，並採用新的240cc單汽缸側置氣門引擎。凱旋－密內瓦摩托車就此誕生，並受到愈來愈多愛好者歡迎。

1904年對這家位於科芬特里市馬區公園街的公司來說，是另外一個關鍵年。它領先許多競爭者，創造出一副專門為摩托車打造的車架。凱旋認為，完全靠自己製造所有機件的時機已成熟，這也包括了引擎。這項任務落到了查爾斯·海瑟威（Charles Hathaway）肩上，他設計了一具360cc的單汽缸引擎。從這一刻起，這家英國製造商開始快速成長，在摩托車運動界同樣也如此。新的引擎推出了，例如1909年出現第一具600cc雙缸引擎，並在1921年首次測試500cc頂置氣門引擎。他們也推出一些新的摩托車，更在最頂級的國內與國際比賽中贏得重大勝利。產量不斷成長，到了1920年代中，達到了驚人的規模——3000名工人生產出3萬輛車。

歷經1929年經濟蕭條引發的財務危機，凱旋在1930年代在摩托車產業扮演更重要的角色。1932年，車廠網羅到知名的摩托車技師瓦爾·佩吉（Val Pages），並開始設計650cc並列雙缸引擎。四年後來到了關鍵轉捩點，凱旋被傑克·桑斯特（Jack Sangster）買下，與他一同加入這個行列的，還有他在艾瑞爾認識、並且賞識的技師愛德華·透納（Edward Turner）。透納立刻著手打造一具新引擎和新的摩托車——Speed Twin 500，並即將把這家英國公司帶入新紀元。值得一提的是，凱旋在未來生產的所有摩托車都跟這具引擎有關，那是一具嶄新的雙缸引擎。以瓦爾·佩吉

設計的雙缸引擎為基礎，透納（Turner）打造出一具特別的引擎，體積更小，性能更好，而且簡單，設計合理。以轉速6300rpm的情況下輸出27匹馬力，在1937年來看表現並不差，且在低速時就有絕佳的扭力。這輛摩托車的其他部分就比較傳統，剛硬無後避震的單搖籃式車架，搭配平行四邊形前叉。設計優雅，限制在160公斤的車重讓駕駛能靈活操控，最高時速可達145公里，各方面都很完美。它的價格也相當平易近人。如果這些還不夠吸引人，1938年他們還推出了Tiger 100，這是更加運動化的版本。大戰過後，由於舊工廠毀於空襲，位於美里登（Meriden）的新工廠生產出具有潛望鏡式前叉的Speed Twin，之後又增加有避震的車架。

96　優雅、車身精巧且輕盈，Street Twin 500是凱旋史上重大的轉捩點。速度快且操控起來特別輕鬆，最早的版本訂價74英鎊。

97　並列雙缸四行程引擎是摩托車界的傑作，由年輕的愛德華·透納設計，這輛摩托車的車身精巧、強悍，性能不容小覷。

MOTO GUZZI CONDOR
摩托古奇 金鷹

1939

這是一輛貨真價實的賽車，只不過它有頭燈、牌照，還有側腳架，供一般道路使用。金鷹500至今仍是這家以曼德洛德拉利歐（Mandello del Lario）為根據地的製造商最搶手的摩托車之一。這輛車問世於1939年，只比專為量產車舉辦的賽事出現晚了幾年。舉辦這類比賽，一方面是因為比賽專用摩托車造價日益增加，另一方面也是讓參賽者有公平的競爭水平。摩托古奇向來熱衷賽車活動，不但能贏得榮耀，也預期會有廣告效果。起先他們利用現有的摩托車參賽，利用1933年製造的V系列，創造出漂亮的Gran Turismo Corsa GTC，具有原創翹起的排氣管。之後他們體認到必須為賽車活動特別打造馬力更強、更輕的摩托車，於是金鷹誕生了。

表面上看來這輛摩托車沒什麼新意，但在行家眼裡，這個以金鷹為標誌的廠商做了許多重大改變。車架來自較輕、強化過的250，這輛車先前已經在賽道上成名；引擎是慣用的水平單缸引擎，有電鍍的外殼，訂做的鋼製曲軸，雙片式離合器，主傳動以直齒齒輪代替較安靜、但動力損耗較大的斜齒齒輪。道路版重140公斤，有頭燈和道路使用必備的配備，最大馬力28匹在5000rpm產生，極速約時速160公里。唯一讓車迷扼腕的是當時的要價1萬1000里拉，跟一輛不錯的半公升容積車款相比，幾乎是兩倍價錢。

100-101 輕盈、順暢、迅速、有力，這些都是摩托古奇金鷹的特點。車色是摩托古奇經典的紅色，搭配紫褐色的油箱飾板。

DKW RT 125

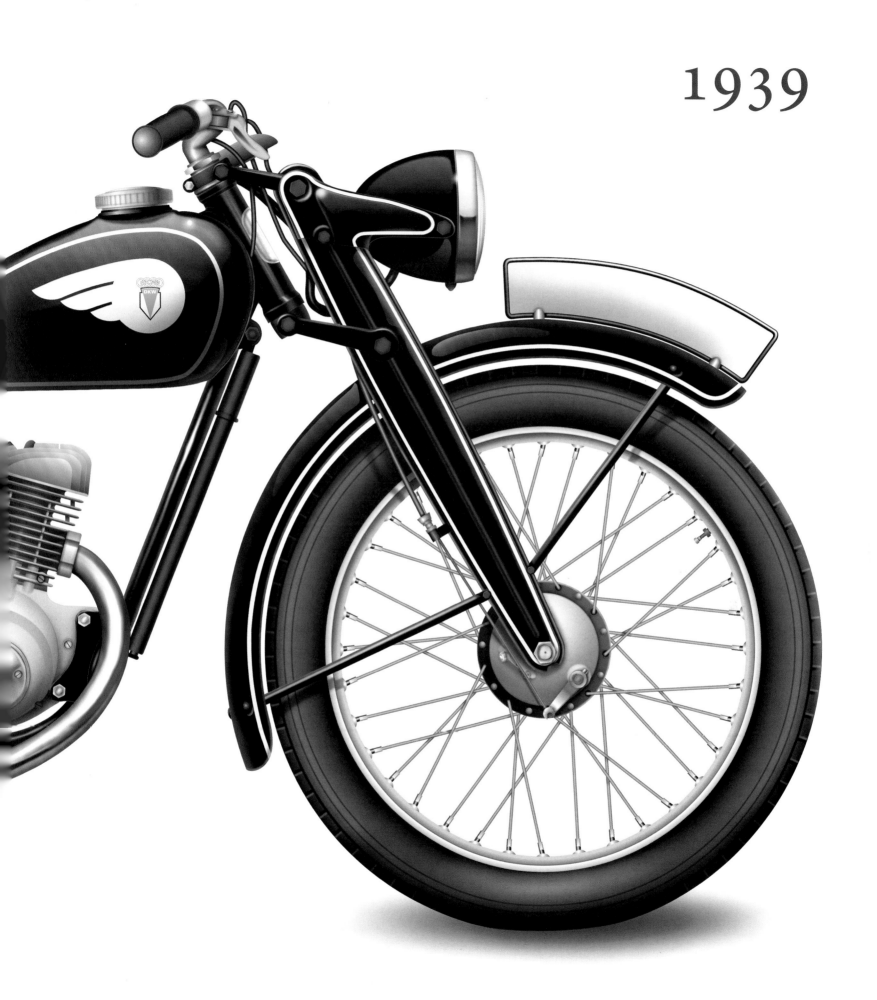

1939

來自DKW的小125，可以說是世界上最常遭模仿的二行程摩托車。義大利、英國、美國還有許多其他國家都有模仿或效法DKW的輕型摩托車。這種車簡單、耐用且價錢令人負擔得起，許多製造商因此想投入前途看好的二輪車輛市場，生產體積小但堅固、通過種種考驗且安全的摩托車。它的引擎已經被拆解過無數次，經過一流專家的研究以便完整複製，就算有少許的調整，也鮮少能夠加以改良。談到DKW就一定要提這具引擎。

這家德國製造商打從一開始就堅持投入此類型的引擎，摩托車的生產從1919年起算。比起四行程引擎，二行程製造成本低、重量較輕，而且在相同容積的條件下，若製造精良，能輸出更大的動力。沒錯，它會噴廢氣，而且比較耗油，但機械結構簡單，維修起來不需要太多的技術。DKW的創辦人荷黑·史卡夫·羅斯苗遜（Jörge Skafte Rasmussen）察覺到有必要創造一輛擁有這些特點的摩托車，讓大眾可以購買。1930年代中，他批准RT125的生產計畫，這整個重大任務由赫曼·韋伯（Hermann Weber）負責監督執行。1939年，RT125誕生了，這是一輛特別簡單、高效率、低成本又價格實惠的摩托車。目標順利達陣，成功也隨之而來。

由於二次大戰結束時工廠位於俄羅斯的占領區內，工廠拆除後設備與技術人員都遷到了俄國，也在蘇聯掀起一股仿效風潮。

104最上 「在巴黎擁有愉悅的旅行機會」是1940年這則輕鬆的廣告所要傳達的訊息。

104-105 DKW多年來都站在二行程引擎的製造前線，是最早將簧片閥用於道路用摩托車，以及將共用燃燒室汽缸用於賽車的先鋒之一。

105 這張1925年的廣告由視覺藝術家暨畫家路德維希·霍爾維恩（Ludwig Hohlwein）所設計。

GILERA 吉雷拉
SATURNO 500

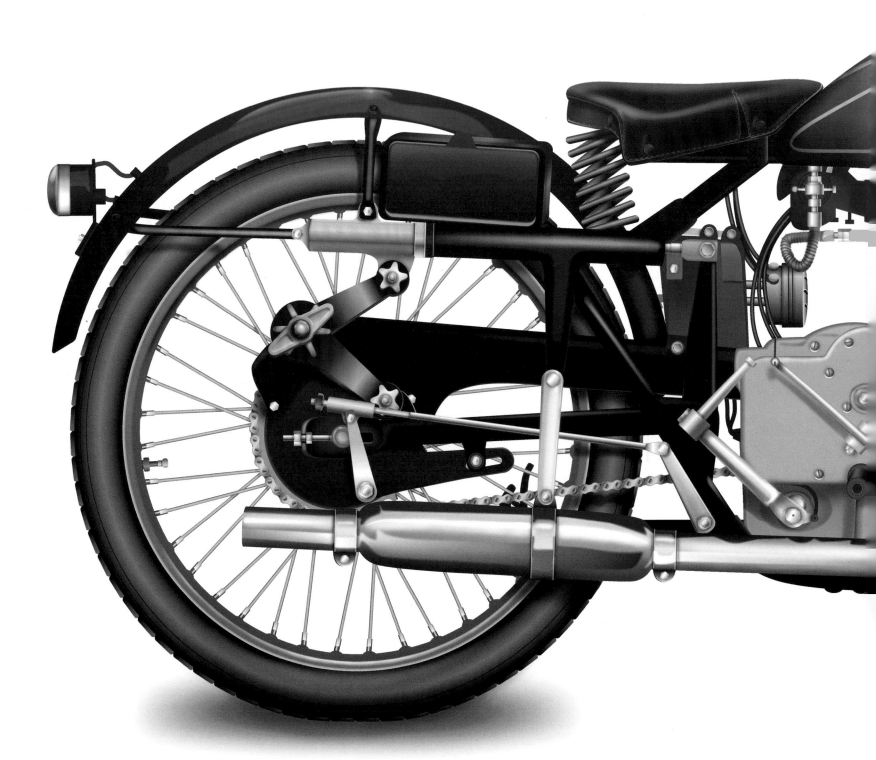

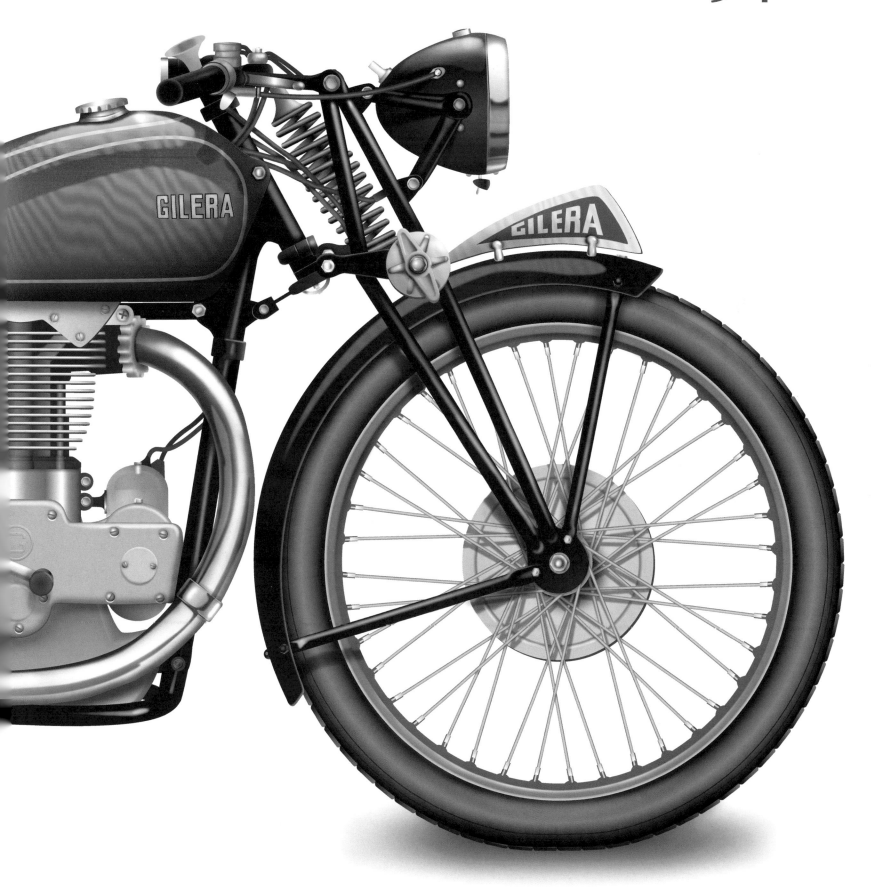

1940

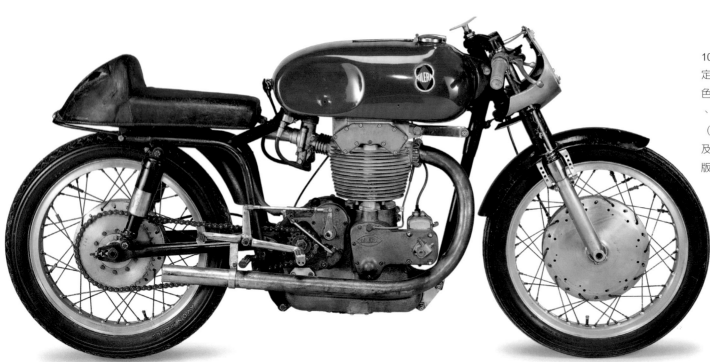

108最上 扭力大、平順、穩定是Saturno各版車的共同特色，分別為旅行（Turismo）、軍用（Militare）、運動（Sport）賽道（Corsa）以及越野（Cross）。此為賽道版，沒有頭燈。

如果一輛摩托車沒有整流罩，那麼引擎的設計就是左右視覺美感的焦點。這也是為何吉雷拉 Saturno在許多摩托車迷眼中是魅力十足的車款，有如雕塑藝術那樣的美感——簡單、經典，而且迷人，氣勢十足。在1940與1950年代，它是許多賽事中各家摩托車的頭號勁敵，因為它不只漂亮，速度也快，尤其是運動版。賽車是這個製造商不可或缺的一環，因為創辦人朱塞佩·吉雷拉（Giuseppe Gellera）就是一位不折不扣的賽車手。生於倫巴底南部，他很年輕就愛上機械，並整理各式各樣的摩托車投入比賽，展開自己的事業。贏得多次勝利讓他累積了不少資金，1909年他決定在米蘭的工作室打造自己的摩托車。同時他將自己的名字從Gellera改為Gilera，因為他覺得比較好聽。

他的第一輛車是317cc的單缸摩托車，具有幾項有趣的特點，並成為了之後各個車款的典型特色，像是引擎安裝在車架中間，引擎組件有加長的散熱鰭片。這是一件小傑作，在當時非常成功。從此之後，吉雷拉不斷累積成功，而且都忠於創辦人的理念。他

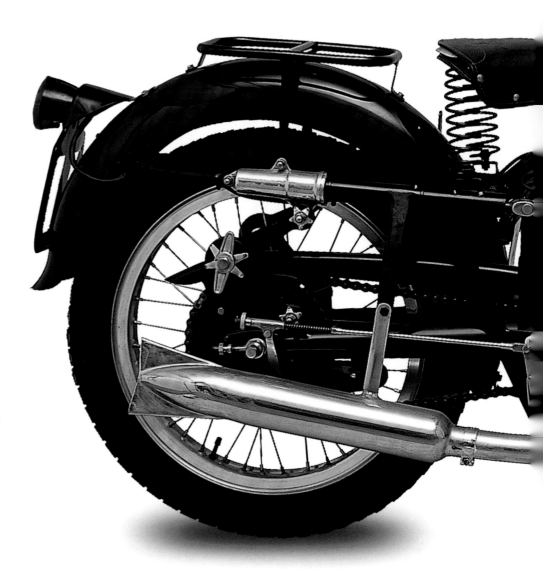

堅信簡單，因為簡單的東西容易修復又美觀。此時這間位於米蘭的工作室已經太擁擠，該是搬遷的時候了。吉雷拉相中了阿爾科雷（Arcore），這是位於米蘭東北方20公里的小城，國家賽道（Autodromo Nazionale）也在這裡，同時也是第一具500cc單缸引擎誕生的地方。一開始採用側置氣閥，後來改採頂置氣閥，這也是第一輛讓吉雷拉名利雙收的大型賽車。

就在二次大戰前夕，吉雷拉歷來最好的一輛摩托車誕生了，那就是Saturno 500。這輛車是機械工程師朱塞佩・薩爾馬吉（Giuseppe Salmaggi）在阿爾科雷的作品。這是一輛經典之作，傳統但美到讓人不可思議，儘管出自他人之手，這輛車仍舊成為朱塞佩・吉雷拉最愛的摩托車之一。然而這輛來自阿爾科雷的大型摩托車在銷售與競賽方面的成功，一直要到大戰過後才降臨。它有稱職的開放搖籃式車架、煞車及避震，多年來不斷精進，在1950年換上潛望鏡式前叉，1951年後避震的水平彈簧換成較傳統的避震器。重頭戲還是引擎，就好比機械中的雕塑作品，再微小的細節都照顧到，外觀堅固又優雅。這是一具長衝程引擎，缸徑x衝程為84x90mm，這具將近半公升容積的OHV頂置氣門引擎衍生自吉雷拉另一具聞名的500引擎，別名「八道雷電」（eight bolts），它結合了內置的四速變速箱，操控起來有絕佳的靈敏性。

Saturno成功的設計也發展出不同的版本，並且受到愛好者推崇。其中最重要的就是運動版，以及賽車與長途越野車版本。

108-109 Saturno的外型簡潔、和諧、流暢且均衡。毫無疑問可以說是美麗的經典之作。它誕生於二次世界大戰之前，從1946年開始贏得成功與榮耀。

PIAGGIO VESPA
比雅久 偉士牌 98

1946

恩里克·比雅久（Enrico Piaggio）在二次大戰結束時有兩件重大任務：重建位於朋泰代拉（Pontedera）的工廠，並將這座工廠從軍需品回歸為民用產品的生產製造。

當時比雅久這個品牌在工業界已打出響噹噹的名號，因為恩里克的爸爸雷納多（Rinaldo）是一名熱那亞的船業大亨，成功經營海上運輸事業，後來還拓展到火車及飛機。恩里克於1905年生於熱那亞，他父親在1938年辭世，接管事業的重責大任就落到了年輕的恩里克肩上。

如同先前所說，他在大戰結束時為了確保公司未來的發展而面臨兩大難題。經過審慎市場分析，他發現老百姓需要一種平價的機動化交通工具，同時也要幫助這個國家從戰後恢復。這種交通工具必須適合所有人使用，無論男女老少。

傳統的摩托車無法適用於這麼廣大的族群。此外，若是沒有配備側邊車，摩托車本身也不適合運送大件物品，這在戰爭剛結束的當時是很重要的功能。然而當時摩托車仍被看作一種運動型車輛。於是速克達要成為的是一種新的交通工具。在這之前幾年曾有過類似速克達的設計問世，但因為一些因素而未能獲得大眾青睞。

然而，有幾項特點還是受到人們喜愛的，例如對騎士的防護、容易騎乘，還有坐姿輕鬆。這些就是恩里克·比雅久要求克拉迪諾·達斯卡尼歐（Corradino D'Ascanio）的標準。這位技術高超的工程師從1930年代就開始在比雅久航空工業公司工作。

這輛最初稱為「摩托速克達98cc」的車子，首次出現在1945年，次年投入生產，也就是偉士牌。車身由承重的金屬板製成，二行程的水平單汽缸引擎完全隱藏在右側，靠近後輪，這樣可以將動力直接透過變速箱傳遞到後輪，省去了鏈條或傳動軸。由於輪胎小車身低，也因為坐位前方沒有車架或油箱，更容易坐上車，而且前方有護板。雖然要花一些時間熟悉位於左手邊的三速排檔，但還是相當容易騎乘。有一個細節就連對技術最遲鈍的人也會注意到，那就是以單側搖臂固定的車輪，拆卸快速又輕鬆，可以互換。這部摩托車要價5萬5000里拉，極為成功，不但實用而且非常耐用。不管什麼東西，只要有需要幾乎都能載：一袋袋的麵粉、水泥等物品，可放置在兩腳間，後坐椅則能載人，或其他比較笨重的貨物或裝備。

另一個將偉士牌推向成功的因素是義大利廣大的銷售與服務網絡，之後更遍及世界各地。1956年，距離它問世才十年，比雅久就歡慶第100萬輛偉士牌機車的誕生。

112 1950年比雅久的金屬板件處理部門。仔細看照片中巨大的沖床與切割機，用途是切割及金屬塑形。

113最上 1947年，比雅久的測試人員騎著以偉士牌機車為基礎打造的第一輛三輪車，登上一階階的樓梯。

113最下 第一輛偉士牌機車有一項簡單又高明的設計：採用8英寸輪胎及金屬板製成的模組化輪轂，若是爆胎或維修時可輕易拆卸。

114最上　即將成為偉士
牌機車的原型車，稱為
MP6。這個計畫交付給
來自阿布魯佐的技師克
拉迪諾・達斯卡尼歐，
他對航空特別感興趣。

114-115　這裡是一些最
出名也最受人喜愛的偉
士牌傳單。廣告中幾乎
都會有女性出現在速克
達旁，表示它是多麼輕
鬆好騎。

115最上　這裡展現出該
輛98cc速克達的設計細
節，一體式車身與二行
程引擎，還有三速的變
速箱。這張草圖的日期
是1945年8月30日。

Versatility...

VESPA . . . with side car . . . for taking the children to school . . . to parties or just a local turn for relaxation and fun.

Picnics...

VESPA — Yep . . . just grab a basket and m'lady rides astern . . . or perhaps takes her turn "Driving" to the favorite lake, mountain, or river picnic spot.

Shoppers...

VESPA for Shoppers! All over the world Vespa folks find they save time and trouble . . . going to market . . . parking there and getting back home too! Packages go "Inside" the trunk . . . on top of the back seat.

Sports...

VESPA . . . To the links . . . the lakes lagoon . . . golfers . . . fishermen, hunters pack your gear . . . any time of year, and go where you want to go via your Multi-Duty VESPA.

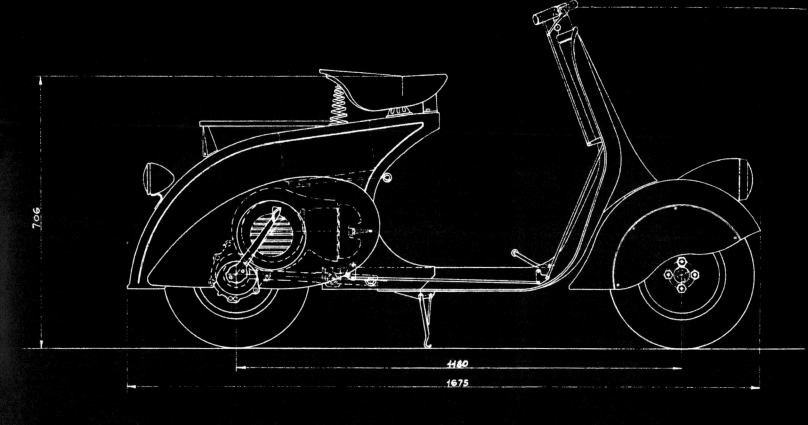

CARATTERISTICHE PRINCIPALI

TELAIO :— SCOCCA PORTANTE, A FORMA APERTA E CARENATA; COMPLETATA PER FUNZIONE PROTETTIVA
DA UNO SCUDO ANTERIORE E DA UNA PEDANA

— SACCHE LATERALI PER COPERTURA MOTORE E PER VANO PORTA-OGGETTI

— PARAFANGO CON FARO

MOTORE :— A DUE TEMPI, DA 98 C.C., CON CAMBIO A TRE MARCE INCORPORATO E TRASMISSIONE

30-8-45	
	PROGETTO DI
	MOTO-SCOOTER 98 C.

E *compact* VESPA
TS YOU PARK ON A DIME !

And...

We nearly forgot about maintenance,
... 'cause your VESPA needs so little ...
IT'S SO SIMPLE!

VESPA MEANS ...

COMFORTABLE RIDING
AMPLE SPEED (TO 50 MPH)
ECONOMY 100 MILES
PER GAL.
LIGHT WEIGHT 198 LBS.
PEDAL & HANDLE BAR
BRAKES

FOLKS ALL OVER THE WORLD
KNOW THAT VESPA IS THE
"BUY - WORD" FOR SIMPLI-
FIED MULTI-PURPOSE ...
FUN TRANSPORTATION.

SOLEX 索利克斯

VELOSOLEX 49

1946

美麗的女星暨模特兒碧姬‧芭杜（Brigitte Bardot）最早出現在大螢幕的作品之一是1952年的電影《諾曼第蘋果酒客棧》（Le Trou normand）。同樣出現在片中的，還有特異的動力腳踏車Velosolex，它與雪鐵龍（Citroen）的2CV汽車後來都成為家喻戶曉的法國代表性車輛。像是查爾‧阿茲納弗（Charles Aznavour）以及雪兒‧威瓦丹（Sylvie Vartan）等歌手，以及安娜‧布萊曼（Honor Blackman）與費南‧雷諾（Fernarnd Raynaud）等演員都曾騎過這輛獨特的車子，至今它的魅力仍舊能讓百萬車迷興奮不已。

索利克斯的Velosolex是個絕妙的創意，在腳踏車上安裝一具引擎，簡單又經濟實惠，因此它的基本架構多年來都沒有改變，尺寸也沒有加大，並未發展成更類似速克達的機動腳踏車，也幸好沒有蛻變成摩托車。它一直忠於原本的創作理念，也因此贏得數百萬使用者的喜愛與尊敬。這個構想出自馬賽爾‧梅內森松（Marcel Mennesson）與莫里斯‧戈達（Maurice Goudard），這輛車在1946年開始銷售。在戰後拮据的年代，交通的需求因為經濟因素而無法獲得滿足。義大利是最早推出產品因應這個情形的國家，包括Cucciolo、Mosquito及其他許多車款。但那些產品都不像法國這輛暱稱為「自行移動腳踏車」的同類產品那麼長壽，也沒有那麼廣受歡迎。它後來出口到國外，也在世界各地授權製造，包括印度、日本及巴西。

這輛車子的傑出特點，如先前所述在於設計簡單，包括一副比腳踏車稍大的車架，在前輪安裝了一具力量不大的49cc二行程引擎，最早能輸出半匹馬力，讓它達到時速25公里，1公升的汽油可以行駛70公里。動力的傳輸是靠著一個滾輪與前輪接觸，並由手把上的一個拉桿控制。

118　學生、去工作的人，甚至像姬‧芭杜這樣的名人都會騎著Velosolex上工，或前往電影拍攝現場。

119 這個場景來自1958年的法國電影《我的舅舅》，由賈克·大地與亞倫·畢寇特擔綱演出。在前方還能看到可供攜帶更多汽油的油箱。

1947

INNOCENTI LAMBRETTA 英諾桑提蘭美達 125 A

戰後最受歡迎的速克達製造商偉士牌與蘭美達（Lambretta）多年來相互較勁，他們也同樣有著相近的歷史，至少從起源來看是如此。

就和偉士牌一樣，蘭美達的誕生同為因應戰後非軍事工業生產所需，要創造一種新產品，滿足義大利民眾戰後逐漸回歸正軌的生活所需。費迪南多・英諾桑提（Ferdinando Innocenti）是來自托斯卡尼的製造商，專精於技術，他在羅馬建立起建築用管子與夾鉗的成功事業，1930年初期前途看好。費迪南還在米蘭的Lambrate區蓋了工廠。隨著二次大戰爆發，產品從管子轉為子彈。有遠見又有企業家精神的費迪南多，1944年當時就已開始思考戰後的計畫。一旦戰爭結束，光是鷹架的管子不足以支撐現有的企業規模。有了相當規模的勞動力，令他開始思考生產大眾能負擔得起的車輛，例如速克達。戰爭期間許多機動腳踏車在義大利境內，以降落傘空投給英、美士兵使用，於是進一步推動了他的這個想法。尤其給了這位托斯卡尼的製造商靈感的，是產自美國內布拉斯加州的Cushman速克達，簡

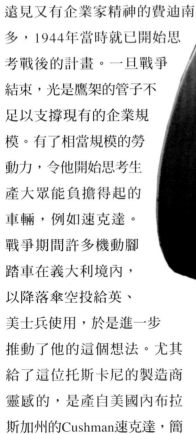

單、堅固又平價，輪子小，而且引擎非常優良。

等到位於蘭布拉特（Lambrate）區、毀於轟炸的工廠重建起來後，英諾桑提就從羅馬找來皮耶・路易吉・托雷（Pier Luigi Torre）負責這項計畫：創造屬於老百姓的車輛。托雷原本在航空業擔任動力裝置工程師，他將多年經驗應用在1947年成形的新興速克達產業，就此揭開了多年來與偉士牌激烈較勁的序幕。

雖然這兩種速克達都有護板，也都容易騎乘與裝載貨物，實際上卻非常不一樣。蘭美達體積小，低矮（7英寸輪

組），沒有避震器，是沖壓金屬板與金屬管構成的混合式車身。125cc引擎缺乏整流罩包覆，直接暴露在外，且位於車身中央的坐椅正下方，而不是在側邊，跟偉士牌截然不同。這個設計帶來近乎完美的重量分配，這也是兩個速克達陣營支持者彼此爭論的原因之一。兩者的傳動系統也不同，而且因為採用傳動軸，它的複雜度與成本都高出許多。最後的差異在於三速變速箱是由腳控制。

車的上市時間是在年底，起初並沒有獲得太多的迴響。然而銷售在次年有所成長。1948年，推出所謂的B版，具有避震、較大的輪組，以及把手上的排

檔桿。第一輛有完整整流罩的蘭美達是在1950年上市的C版本，擁有較輕、較平價的管狀車架、新的前避震，還有最重要的，這次能夠選購具完整整流罩的LC豪華版。與偉士牌的競爭這時尚未進入白熱化。在1950年代中期以後，運動車型TV175問世。它沒有偉士牌GS 150那麼典雅與輕巧，但穩定許多，性能也更好。

122-123 1951年，這輛來自米蘭的速克達進一步演化出D版與LD版（LD版具有整流罩），搭載了避震器及更有力的引擎。

123 輕巧、無拘無束的精神，是這位騎著最早一批蘭美達的年輕牛仔所傳達的訊息。這家來自米蘭蘭布拉特的製造商經常透過女性與小孩來演繹速克達的廣告。

124-125 蘭美達如同偉士牌機車，承載力絕佳，非常適合用於工作通勤，也很適合星期天外出或野餐。

125最上 這張1950年代的照片呈現英諾桑提位於米蘭的工廠，現代化的蘭美達生產線正在組裝擁有完整整流罩的版本。

125最下 1950年代初期，除了C版本，蘭美達最早擁有完整整流罩的LC版開始生產──擁有管狀車架、新的前叉，但可選擇的顏色較少。

IMME R100

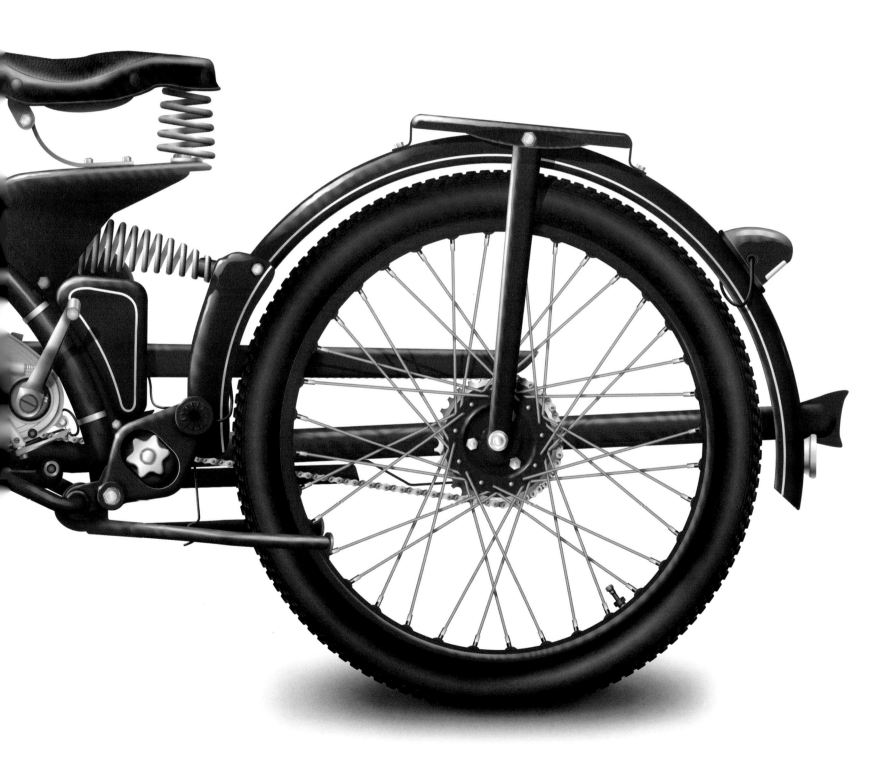

認識摩托車不能光透過文字，摩托車應該要被看見、經過分析和研究。迷你的Imme與眾不同，而且具原創性，受歡迎的原因源自它的發明人諾伯特·里德爾（Norbert Riedel）在技術上古怪的應用。然而受到車迷的歡迎未必等於成功，至少還不到打造它的人所期盼的程度，當摩托車採用了在當時太激進的技術，多半要準備面對它所造成後果。

但Imme仍舊在許多車迷心中占有一席之地，特別是在機械工程上，它採用的一些解決方案，例如單管車架，以及引擎與搖臂的結合——多年後也有其他製造商跟進。

Imme的誕生，來自里德爾希望創造並銷售輕量、簡單、多用途，而且是獨具原創性的摩托車。這位傑出的德國技師曾在幾個摩托車廠工作，之後決定自立門戶。1949年他搬到因門斯塔特（Immenstadt），靠近原本一間寶馬的倉庫，而Imme這個名稱就來自地名。他開始生產這個特殊的車型，為了簡化並降低成本與重量而採用單管車架。這些並非全新的元素，但是前叉與單側後搖臂卻是創舉，能夠快速拆卸並替換輪框。摩托車的中段更有趣，引擎固定在相當長的後搖臂，會隨著搖臂的作動而移動。中空的搖臂還充當排氣管。這項設計有一個優點，那就是當避震器作動時，鏈條的張力仍維持不變。引擎的構造簡單，但卻沒有因此失了原創性，它是一具水平單缸長衝程的二行程引擎，容積小，只有99cc，能提供大約5匹馬力，把這輛非常輕盈、不到60公斤的摩托車推進到時速將近80公里。

128　雖然小巧的Imme 100看起來弱不禁風，卻沒有任何弱點，就算車主騎著它來一趟路況惡劣的越野之旅也沒有問題。

129左　從正前方看特別能突顯Imme100細小的身影、緊緻的構造，因此操控起來也像速克達那般輕巧。

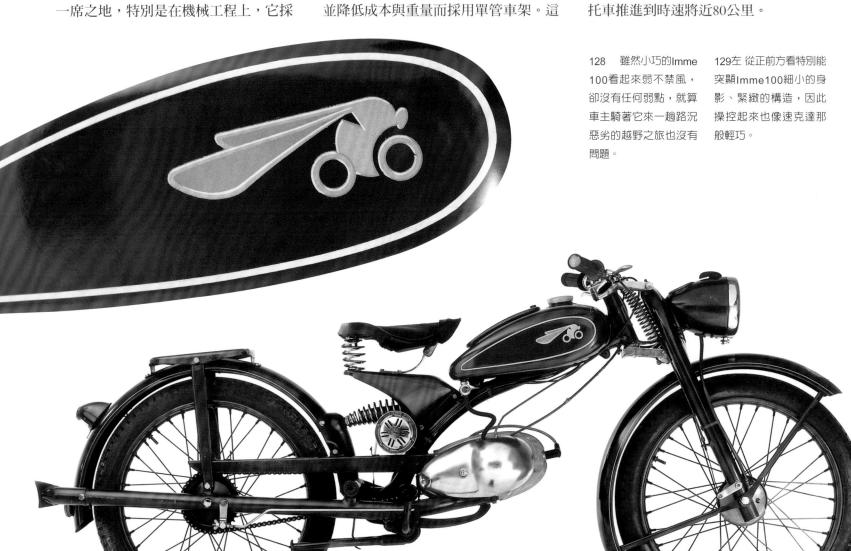

129右上　結合三速變速箱的引擎體積既精巧又堅固。因為它獨特的形狀而被暱稱為「蛋」。後輪避震兼顧創新與效率。

129右下　單搖臂避震讓更換輪胎能非常快速。里德爾也提供備胎這個選用配備，置於左側的後行李架。

Imme R 100

The Imme R 100 Lightweight Motor Cycle easily matches the demands of the discriminating rider for performance, reliability, comfort and economy, at a price well within reach of most.

Norbert Riedel, well known for many years as a designer of motor cycles, this time resolutely has swept aside preconceived and dated methods to create a machine which features these desirable assets in a thoroughly workman like manner combining with such advantages superb finish and an attractive appearance.

Strongly built and perfectly balanced, the Imme R 100 is capable of cruising at 45 m.p.h. (top speed in excess of 50 m.p.h.) with a fuel consumption of 150 m.p.g. Equipped with independent front and rear wheel suspension, easy handle bar controls and sufficiently strong to take a pinion companion, the Imme R 100 has exceptional road holding capacity, climbs well and can be handled with remarkable facility over rough and difficult ground. Immediately noticeable is the unique frame, built in three sections from a generously dimensioned single steel tube, permitting lateral suspension of front and rear wheels which are also interchangeable and easily detachable, like those on a motor car or aircraft under-carriage. Hubs and chain need therefore not be dismantled when changing tyres. The compact ellipsoidal 3-speed engine gear box unit is deeply finned all over for maximum cooling and skilfully placed to merge with the streamlined flow of the overall design. A machine which so completely fulfils all that is desirable from a motor cyclists' point of view will appeal to the experienced as much as to those who for the first time wish to use a powered bicycle. With few controls to master and comfortably seated on good and bad roads alike, Imme riders travel safely, economically and trouble-free and reach their destination little, if at all fatigued, richer in health and vigour for being able to combine sport and pleasure with their travels.

SPECIFICATION.
Engine and gearbox unit. 99cc RIEDEL horizontal single cylinder two-stroke engine with flat top piston, under square ratio of stroke to bore 47×52 mm, permitting low piston speed at high engine revolutions and developing approximately 4,5 HP at 5800 r.p.m. Overhung crankshaft and con-rod in roller bearings. Special aluminium-alloy cylinder head with cast-in liner. Oil immersed multi-plate friction clutch. Petrol-oil lubrication. Deeply finned compact ellipsoidal 3-speed engine gear box unit, with twist grip handle bar control, idling by means of arrested clutch held by wire loop attached to clutch lever and released when starting in bottom gear which together with kick starter is operated through roller free wheel. Second and top gear operated by means of steel balls in conjunction with change shaft. Gear ratios: 3.67, 1.67 and 1. Total transmission in top gear 1 : 9.51.
Ignition and Lighting. NORIS Fly-Wheel Magneto, output 18 Watts. Direct lighting for head lamp and rear lamp. Parking light and horn through battery charged by magneto through rectifier.

Rear swing arm carries engine and rear wheel, pivoting in large bearing supported by friction damper and barrel spring, without risk of chain elongation.

Frame. Made from very strong precision drawn seamless steel tube and arranged in three sections. MAIN CENTRAL SECTION carries steering head and connects with REAR SWING ARM through large-pivotal bearing by means of strong lug carried upwards through multiplate friction damper and strong barrel spring with internal rubber buffer connecting lug again with central frame. REAR SWING ARM also carries engine on rest extending forward beyond main bearing enabling rear wheel and engine to remain in reciprocal relation, irrespective of road conditions and without risk of chain elongation, serving furthermore as exhaust with built-in replaceable silencer. FRONT SECTION forms single sided steering pillar and connects to central section by parallel links and compression spring with friction damper. FRONT and REAR SECTIONS equipped with single sided hubs and stub axles. Tubular steel frame and stub axles carry three years guarantee.
Wheel. Front and rear interchangeable. Secured to hubs on stub axles by three nuts similar to those on a motor car, or aircraft undercarriage, and easily detachable, and leaving hubs and chain in situ. Size 2.5" 19". Wheel base 1295 mm.
Brakes. 100% effective internal expanding band brakes integral with hubs. Front hand operated rear foot operated.
Handle bars. Clean adjustable handle bars with twist grip controls. Left: Clutch lever and combined twist grip gear change, marked and notched for correct positions. Right: Lever for front brake and twist grip for carburetter control.
Tank: Saddle tank, capacity 1¾ gallons, reserve 1½ pints. Built-in tool box with kit.
Equipment. Speedometer (built into headlamp - as also rectifier). Electric horn, Battery (charged through rectifier), Pagusa Saddle, Luggage carrier. Adjustable Foot Rests. Twin legged rest stand. Provision for pillion seat and foot rests.
Weight. 63 kg (empty) Fuel consumption. 150 m.p.g. at 40 m.p.h. (maximum speed over 50 m.p.h.)
Finish. Superbly finished in black, red or green high gloss stove enamel. All exposed steel components heavily chromium plated.

By removing only three nuts ...

RIEDEL MOTOREN, A.G., IMMENSTADT-ALLGÄU, BAVARIA, GERMANY

Our agents will be glad to serve you with any further information you may require.
Our agent nearest to your place:

Composed and illustrated by RIEDEL-WERBUNG.
Printed by "Allgäuer Anzeigeblatt", J. Eberl KG., Immenstadt, Allgäu.

1950/1969

走過戰後緩慢的重建，一切回歸正軌後，也到了展望未來的時候。第一輛日本製摩托車出現了，這些車子注定要顛覆整個產業。

戰爭剛落幕，首要任務就是重建工廠並恢復非軍事用品的生產。在經濟拮据的情況下，推出的摩托車大多仍是跟戰前一樣的老面孔，再不然就是便宜、引擎弱小的車款，以滿足貧困的大眾對於車輛的需求。1950年開始，為了要生產出新的產品，於資金方面有迫切需求，在快速成長的市場正是如此。在義大利，短短四年多時間，車輛數目就從1950年的60萬，成長到1854年的220萬。這麼驚人的數字吸引工業家、技師與愛好者投入摩托車生產、改裝，或組裝。如同20世紀最初的十年，有利的經濟環境，加上日益成長的活動、展覽、品牌會與車聚（這些最早是

針對偉士牌跟蘭美達的車主），有很多機會帶領風潮。真正的摩托車文化於是誕生。摩托車不再只是運動用車輛，更可以當成單純的平日通勤工具，騎著它從家裡到工作場所，並在週末當作外出散心的休閒活動。然而生產模式在各個國家之間有根本上的差異。以義大利來說，小巧廉價的50cc摩托車不斷成長，另外65、125與175cc的輕型摩托車同樣如此，也就是所謂的機動腳踏車。當時摩托車的極限是半公升的車種。在英國與德國公司的推動下，引擎容積逐漸增加。小摩托車受到冷落，特別在英格蘭。那麼其他國家呢？

哈雷繼續在大型雙缸摩托車的道路

131 馬龍‧白蘭度在1953年的電影《飛車黨》中倚靠著凱旋摩托車。

132最上 1954年，佛格森‧安德森贏得350cc世界冠軍，奧古斯提尼則是250cc冠軍。這對摩托古奇來說是宣傳自家產品的良機。

132最下 1950年在曼島，兩位技師為兩輛諾頓摩托車進行賽前的準備。

133 這張海報宣傳著名的曼島TT大賽，這是世上最迷人也最危險的賽事。

上前進，印第安則進入一段黑暗時期，最終還是關門大吉。這段時期美國人發明了另外一種機動車輛，這幾乎是無心插柳的結果，但注定要流行到全世界——那就是卡丁車，不過這又是另一個故事了。雖然它具有管狀車架並以摩托車引擎改裝，但本書焦點還是擺在二輪而非四輪車輛。

摩托車世界在1960年代出現重大發展，例如義大利公司開發出前所未聞的引擎cc數，像是750與800cc，而日本摩托車也進入了市場，起初讓人難以苟同，卻在轉眼間成為競爭對象高品質的標竿，遙遙領先過氣的歐洲摩托車。日本摩托車先進的製造技術令引擎只有輕微震動，不會滲油，堅固耐用且價格具競爭力。唯一的弱點就是在初期的經銷

據點太少，這是個大問題，由於這些摩托車在機械上通常比較複雜，更換零件必須在很遠的地方才可獲得，且可能無法立刻取得。但情況很快改觀，經銷商迅速普及，有需要時備用零件也更容易取得，特別是這些新摩托車幾乎不會故障。對許多老牌製造商來說，這是終結的開始。有悠久的歷史或在賽道上的知名度都還不夠，大家要的是實用、速度快的摩托車，不必花時間細心呵護也能上路。在這個新規則之下，英國摩托車更是徹底失敗。他們的摩托車有很多賣點，也有悠久歷史，但如同先前所說，這些都還不夠。此外多汽缸摩托車也開始流行起來。數十年來都以單汽缸為主，最多只有雙汽缸，如今改變的時候已經到來。

134　1950與1960年代，大眾看待摩托車不太公平，總是與壞人聯想在一起。這張照片出自1968年的電影《搞砸它》（Breaking It Up），由強尼‧哈利戴（Johnny Hallyday）演出，約翰‧貝瑞（John Berry）導演。

134-135　哈雷機車在1969年的電影《逍遙騎士》（Easy Rider）中大出風頭，與丹尼斯‧霍柏（Dennis Hopper）、彼得‧方達（Peter Fonda）齊名，歐洲的觀眾也藉此認識了美式嬉皮車（chopper）的傳奇世界。

1950

MOTO GUZZI FALCONE SPORT摩托古奇 運動隼

「隼」是古雷拉的Saturno車款長期以來的競爭對手，它代表摩托古奇在1950年代的轉捩點。1950年初於日內瓦車展公開，要價48萬2000里拉，隼被視為卡洛・古奇原始概念的極致進化。這是一輛全新的摩托車，有先進的機械技術，是這家製造商在當時竭盡所能開發出的最佳作品。它以堅固耐用的標準來打造，但也沒有捨棄性能。雙搖籃式車架，尾部的車架以螺絲固定，有漂亮的潛望鏡式避震前叉與經過測試的後搖臂，彈簧位於引擎下方，工具包下方也有減震墊。

最重要的機件還是強大的水平單缸引擎。這並非完全原創，但許多小地方都改良了。為了徹底解決對於變速桿反應不夠快、不夠順暢的批評，而採用類似金鷹車型的變速箱，也就是常嚙合四速變速箱搭配平行軸。巨大的外部飛輪已是這家位於曼德洛的公司的招牌，仍然保留了下來，在引擎低轉速以及加速及放開油門時，都具有獨特的特色。擁有大約23匹的馬力，使這輛新車能輕易達到時速135公里，最重要的是因為它也有效率極高的潤滑系統，所以能保持在這樣的速度好幾公里。

幾年來經過數次改良，其中以1953年那次為最主要，當時推出力量較小的Turismo旅行版。速度最快最傑出的則是Sport運動版。

138-139 快速、可靠，堅固，運動隼鎖定偏好運動化車款的顧客，他們喜歡遠距離高速騎乘。相較於騎彎道，這輛摩托車更適合高速直行。

TRIUMPH凱旋
BONNEVILLE T120 650

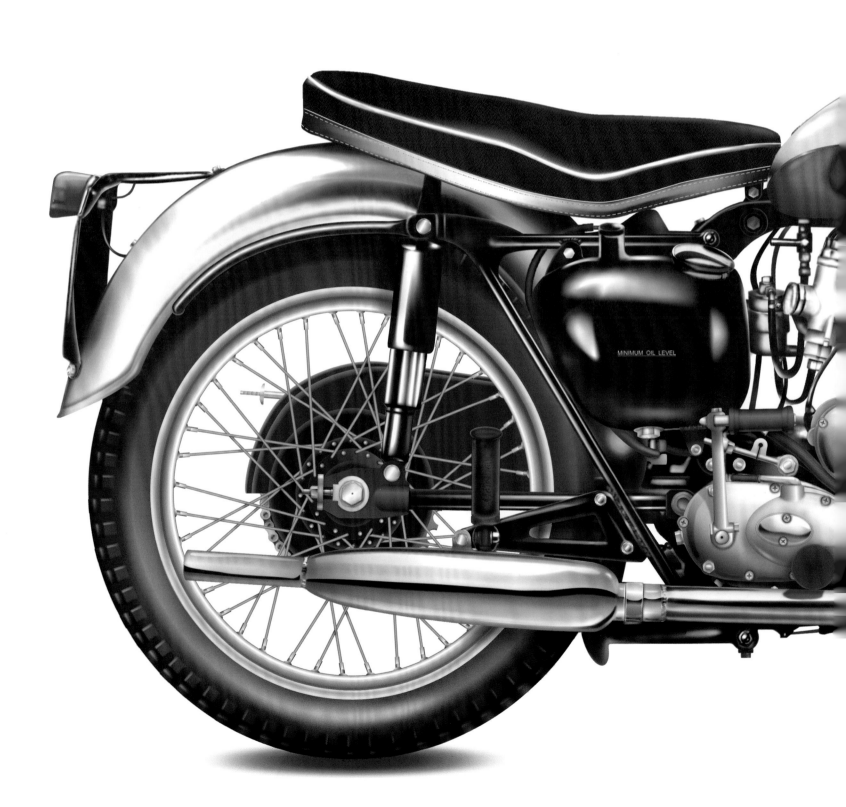

MINIMUM OIL LEVEL

1958

142-143 凱旋Bonneville，此
為1960年代後半廣為大家喜
愛的版本，是英國最知名的
雙缸運動摩托車。

這輛Bonneville摩托車的名聲實在如雷貫耳，於是這家公司經過多年後，決定再次起用。畢竟，這可是凱旋最有名的摩托車。加速快但不算猛，外型優雅，只有少數英國摩托車能媲美，且輕巧易操控，它的名稱來自美國著名鹽湖旁的一個小城鎮。故事要追溯到1950年代中期，在艾德華・透納（Edward Turner）帶領下，凱旋體認到摩托車騎士（尤其是美國騎士）對運動車款的需求日益增加。儘管世界各國陸續開始實施限速規定，但對性能的要求也進入了一個新時代。因此，凱旋在1958年的倫敦車展推出Bonneville T120 650。這一連串由字母與數字組成的名稱是有意義的：650代表這具強力的長行程引擎的汽缸容積，它的曲軸角度為360度；120是以英里計算的極速；T則代表了傳奇的雙缸（Twin）引擎；選擇Bonneville這個響亮的名號，則是因為它與速度的關聯，據當時的新聞所述，這個名稱是在最後一刻才加上去的，目的是強化這輛新車的運動形象。因為在1956年，強尼・艾倫（Johnny Allen）在波維（Bonneville）這座城鎮附近，騎著一輛凱旋雙缸引擎為動力的摩托車，創下最高速紀錄——時速345.188公里。無論過去或是現在，對於追求純粹速度與追逐各項速度紀錄的車迷來說，都是不可錯過的必遊景點。這樣的命名證實為一個聰明的商業策略。這輛又暱稱為「Bonnie」的摩托車界是個傳奇，如宗教般受膜拜。經過定期的機械與結構改良，直到1980年代初期仍在生產，進入下一個世紀更是重新大放異彩。

BMW寶馬 R69S

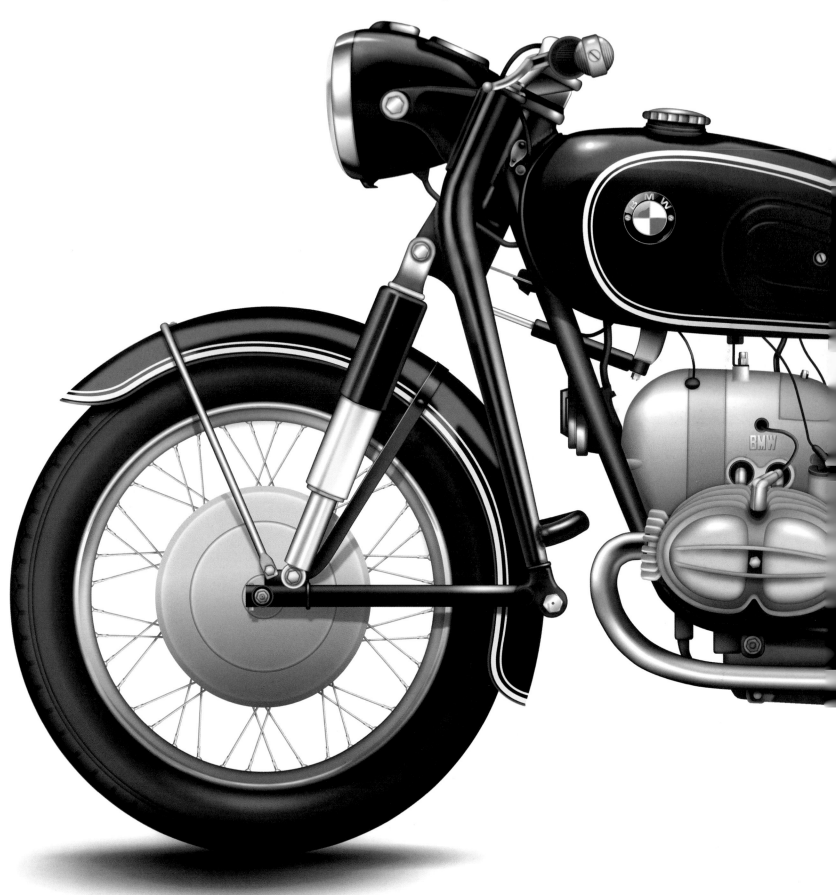

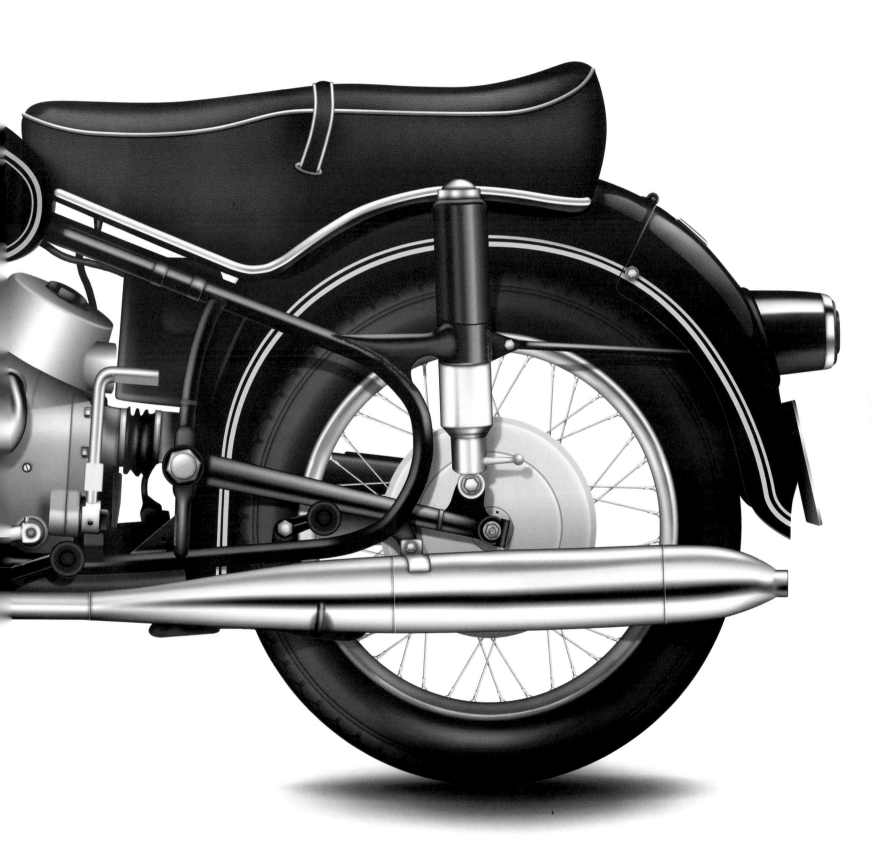

1960

專為旅行打造，但也有能力競速，精緻又簡練，可以長距離高速行駛，也能夠掛在4檔以時速40公里漫遊。隨著年齡增長，它的堅固耐用與可靠也更為人稱道。寶馬R69S在1960年底於法蘭克福車展推出，是在幾年前首次亮相、已經享有名望的R69的運動版本。當時寶馬正從衰減的銷售與出口的低潮期中漸漸振作起來。

因此寶馬這個德國品牌就寄望R69S能夠帶來好運。它完全不負眾望。這具600cc水平對臥雙缸引擎現在是車廠的王牌，經過完整的改良後，馬力大幅增加，從最初R69在6800rpm產生30匹馬力，來到42匹馬力，同時轉速只增加了200rpm。

原本的堅固耐用並沒有因為這番增長而減損。技師經過通盤考量，再次照顧到這輛車從引擎開始的每一個細節，而自1963年起，這具搭配軸傳動的引擎開始採用減震器。其他的創新包括液壓轉向減震器（防甩頭），也增進了原本已相當好的穩定性。最後，前叉的改變則是採用艾爾式（Earles-type）下減震臂，發明人為英國的艾爾·赫尼亞斯（Earles Hernias）。

這種前叉的原理非常近似較早於1904年標緻（Peugeot）汽車上就出現過的，並於1950、1960年代小有成就，舉例來說，它也安裝在四汽缸的MV 500等賽車，以及著名的Hercules等越野車。最初寶馬決定加以採用，但漸漸被淘汰，並且從1967年起，銷往美國的R69S轉為配備較傳統但更有效率的潛望鏡式前叉。

146-147 這輛摩托車的外表有個性，具體展現德式風格，毫不掩飾地傳達出優越的力量與可靠感。

R 27 Touren-S

BMW

...so gu
wie
sie
aus
sehe

148 賽巴斯汀・納赫曼（Sebastian Nachtmann）騎著
改裝成越野賽車的寶馬。直到1980年市場上才出現第一
輛寶馬越野車，那就是R80G/S。

148-149 一份寶馬60的簡介：展現從小容積單缸摩托車
R27演進到較大型R69S的歷程。

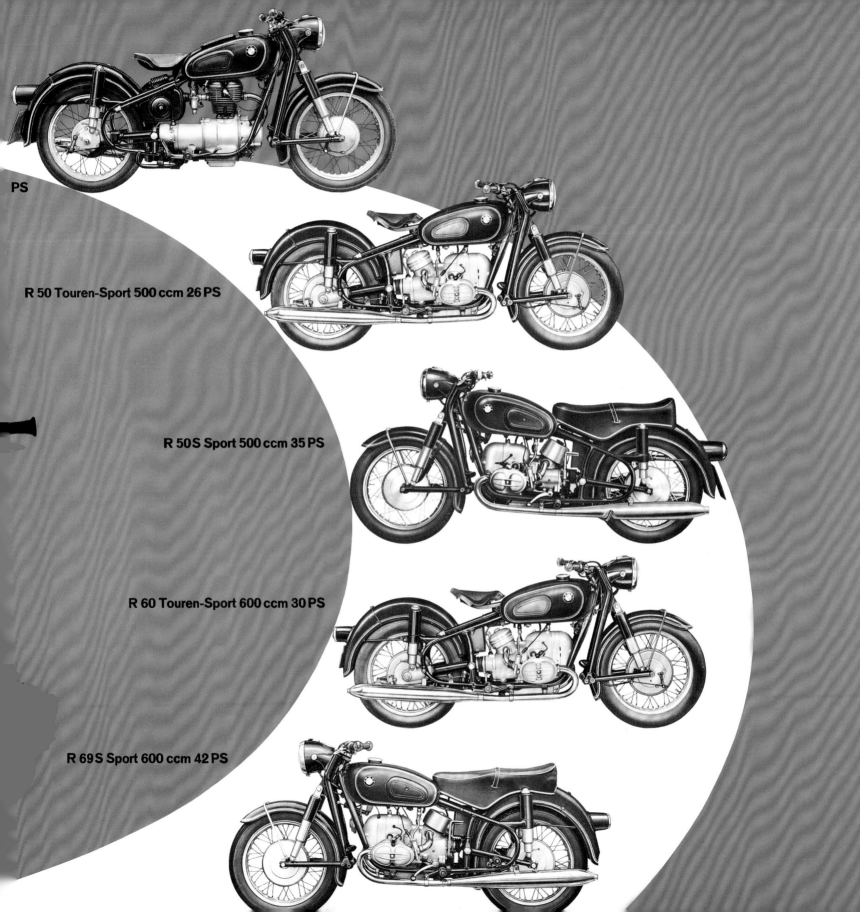

PS

R 50 Touren-Sport 500 ccm 26 PS

R 50 S Sport 500 ccm 35 PS

R 60 Touren-Sport 600 ccm 30 PS

R 69 S Sport 600 ccm 42 PS

DUCATI杜卡迪
SCRAMBLER

從小巧的Cucciolo發展到Scrambler；從連動軌道閥氣門系統，再到國際的世界摩托車錦標賽冠軍——這個來自波隆那的製造商，在傳奇般的歷史中贏得一次又一次的成功。雖然它也曾經陷入低潮，但高昂的企業精神、強烈的目標感與無比熱情，讓杜卡迪總是能夠重振旗鼓，少有其他製造商能與杜卡迪相提並論。

它在1926由杜卡迪家族三兄弟創立，分別是亞得里安、布魯諾與馬切羅。他們一開始製造的是電氣與電子組件，以及相機、收音機。直到戰後，他們才投入機械領域，當時他們打造出被稱為「小狗」的四行程小引擎Cucciolo。

在密集參與賽事活動的情況下，這具細小的引擎在蒙札（Monza）賽道創下數個50cc級別的紀錄，也讓銷售一飛沖天，將杜卡迪推向令人振奮的摩托車世界的最前線。從機動腳踏車躍進到摩托車的過程很迅速。1950年起，這家總部位於帕尼加列鎮（Borgo Panigale）的公司開始生產第一批輕型摩托車，包括65與98cc車款。1954年是意義重大的一年，當時總經理朱塞佩・蒙塔諾（Giuseppe Montano）找來一位年輕的工程師法比歐・塔伊歐尼（Fabio Taglioni），他之前在蒙第亞（Mondial）車廠有豐富經驗，並迅速設計出新的高性能引擎，幫助杜卡迪贏得米蘭到塔蘭托（Taranto）的知名比賽。

第一輛由傘狀齒輪驅動曲軸的單缸引擎於是誕生，這個設計既精密又昂貴，

效果令人非常滿意，也成為其他製造商效法的範本。另外還有一個重要的發展也出自塔伊歐尼之手，那就是第一具利用連控軌道閥控制（desmodromic command of the valves）的引擎，是當時專為參加125級別的世界錦標賽而打造。這個設計再次與既有觀念背道而馳，雖然代價高昂，但確實能讓引擎更加有力，贏得更多比賽。

美國人的興趣也就在這個時間點打開了，正因為這些小巧又快速的摩托車展現出先進的工程造詣，加上曾贏得多次勝利，所以名聲傳到了大西洋彼岸。蒙塔諾親自造訪美國，委託紐約的進口商柏林兄弟進口他的摩托車。

美國市場廣大，競爭非常激烈，任何製造商想要獲得長遠的成功，幾乎都必須要想辦法把產品賣到美國。柏林兄弟提出他們需要相對小巧但卓越的摩托車，無論道路上或道路外都能騎乘。從已經在生產的175 Motocross（場地越野車）為基礎，開發出Scrambler這樣一個跨界車種，不同於越野車，採用低前擋泥板，加上一具已經用於Diana街車的250cc單缸引擎，Scrambler在1962年問世且相當成功。

接下來幾年，這輛摩托車經調整成為較軟調，偏向道路用途，而非騎在崎嶇的泥土路上。種種改變使它獲得更多讚賞，但這還沒有到達它的成就最高峰。1968年，再一次拜才華洋溢的塔伊歐尼之賜，杜卡迪開始生產一系列更強有力、從250cc到450cc多款的單缸引擎（稱為wide carter「寬版傳動蓋」）。這些引擎也用於Scrambler，也讓它不但在美國揚名，而且在歐洲，特別是家鄉義大利也同樣如此。

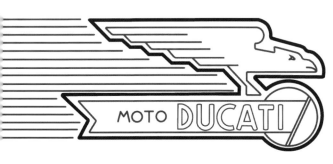

MOTO DUCATI

152 1960年代，用於來自帕尼加列鎮的杜卡迪摩托車上的商標。

152-153 這個1970年代的廣告宣傳杜卡迪Scrambler各個版的所有摩托車，展現美式設計風格。

HARLEY-DAVIDSON 哈雷
ELECTRA GLIDE 1200

1965

在 1967年為《摩托車騎乘》（Motociclismo）雜誌測試過這輛摩托車後，卡洛·佩雷利（Carlo Perelli）——最了不起的摩托車記者之一——如此描述：它的外觀威風凜凜，但這麼說還太保守，照片甚至沒有辦法完整傳達你親眼看到這個大傢伙時的強烈印象。簡單從幾個數字就能了解：2公尺長、輪胎13公分寬、重310公斤。儘管如此，整輛摩托車比例均衡，視覺上的輕重分配沒有不協調之處。這輛1200cc的哈雷與眾不同，獨具個性，騎士以高速在漫長的公路上騎乘漫遊時，能感受到極致的舒適感。

這就是1965年推出的Electra Glide 1200，哈雷稱它是公路上的王后。氣勢不凡、價格高昂，至今仍是偉大的美國象徵之一。它既是早先車型的進化，也是一項革命性的車款，配備經典的45度V型雙缸引擎，後來此類型引擎也成為這家密爾瓦基製造商的招牌特色。

二次大戰爆發前，哈雷就已經生產了一具1208cc的OHV頂置氣門引擎，戰後時期再以此為基礎發展。

156最上與157
1973年，Electra Glide成了電影明星，電影《憂鬱騎警》（Electra Glide in Blue）就以它來命名，由詹姆士·威廉·桂爾喬（James William Guercio）執導，羅伯特·布雷克（Robert Blake）與比利·格林·布希（Billy Green Bush）演出。

1949年，隨著潛望鏡式前叉的降臨，Hydra Glide誕生了。十年後，再加上配備了兩具避震器的後搖臂，經過這些改良創造出Duo Glide。1965年，這輛摩托車再次改良，加入電子啟動馬達，也更加舒適。這輛最進化的車款分為兩個不同汽缸容積的型號——60匹馬力的FL與65匹馬力的FLH。多年來，引擎容積持續增加，屢創新高，但吸引人的王后至今依然以它的魅力與威儀，穩坐王后寶座。

156中央與最下 縱使競爭激烈，Electra Glide仍然是道路上的王后。雖然多年來不斷改良，它依舊忠於最初的原始設計。

158左上 一具45度V型雙缸引擎的細部特寫，它有漂亮的鍍鉻空氣濾心蓋。

158右上 巨大前擋泥板上的字樣細節。

158-159 雖然Electra Glide有龐大的體積與重量，但騎起來卻顯得輕鬆，富有不可思議的魅力。

BSA ROCKET 火箭3 750

1968

如今它比1960年代末期與大眾初見面時更成功。火箭3可說是眾家英國老牌大製造商（包含BSA）消失前，最後一批偉大的英國摩托車。儘管火箭3的設計並非原創，但獨具特色，性能尤其優異。真正精采的是出力範圍寬廣的三缸引擎，還有令人難忘的聲浪。

打造三汽缸750cc引擎的構想要追溯回1960年代初期，那是伯特‧霍普伍德（Bert Hopwood）與道格‧海爾（Doug Hele）的心血結晶，這兩位設計師都屬於BSA集團旗下的凱旋公司。如同前述，這段時期的發展方向是引擎容積及價格的增長，兩位設計師也走上這個方向，但他們的成果要到1960年代中葉以後才獲得讚賞，當時有消息傳出本田750即將問世。一部分製造商老神在在，其他人則嚴陣以待，想辦法推出可以與本田抗衡的摩托車——至少在車型名稱（的cc數）上可以媲美。BSA為了逆轉銷售不斷下滑的頹勢，重新啟動舊有的並列三缸750cc引擎計畫，同時催生出BSA火箭3以及凱旋Trident兩款車。兩者中以BSA贏得了最多喝采，儘管並非所有人都欣賞它的設計。有些人認為它的外型太過厚實，尤其是在車身中段。最精采的部分還是它的三缸引擎，輸出範圍寬廣有力，58匹馬力在7650rpm產生，能輕易將摩托車推升到時速200公里。但它也免不了帶有許多英國摩托車向來為人詬病的缺點，例如高價格、組裝品質不穩定、漏油還有震動大。這些毛病在更早幾年尚為人所接受，但是之後就讓人無法原諒，因為大眾對車輛品質的要求已變得相當的高。

162-163 BSA火箭3被認為是最後一批偉大的英國摩托車。不幸的是，它高價格與高性能限制了銷售表現，大約僅生產6000輛。

HONDA本田 CB
750 FOUR

1968

綜觀整部摩托車史，重要性勝過本田CB 750 FOUR的摩托車寥寥無幾。這家日本製超商由本田宗一郎創立，在1970年代初期開始推出摩托車，憑藉先進技術、設計與性能，讓競爭對手難以望其項背，也為大型摩托車的製造訂定了新標準。這輛意義重大的750摩托車第一次亮相是在1968年的東京車展，搭載了一具非凡的直列四缸引擎，能輸出67匹馬力，還有前碟煞與電動啟動器。對車迷來說，它開啟了現代摩托車的新時代。750立方公分的容積在當時是運動車款的引擎大小。這具四缸引擎令人驚異，而碟煞的採用更展現出在汽車上經過周詳測試的技術不但能夠、同時也必須應用在二輪車輛上。還有電動啟動器，因為摩托車不但要強悍，也要方便舒適。如果這些還不夠，當你以極具競爭力的價格（3萬85000日圓）買下它，還會發現它的引擎震動細微，可以跑到時速200公里的高速，而且出力範圍廣，又不會漏油，也不需要太多照顧。整體來說，它是許多人夢寐以求的摩托車：總是準備好要滿足人們的需求，卻不必以任何東西為代價，夫復何求？如果去思考它是怎麼誕生，而且過程多麼迅速，那真的是一個非凡的成就。

167 這具頂置凸輪軸四缸引擎，比起傳統的英國雙缸引擎，寬度大許多。儘管擁有電動啟動器，還是保留了腳踩的發動桿。

　　戰後，本田宗一郎將戰爭中遺留下來的二行程引擎裝在腳踏車上，開創了一個小生意。下一步就是打造自己的引擎，而在1940年代末，本田誕生了。隨著市場對於本田機動腳踏車的需求，以及之後推出的第一輛摩托車的需求成長，本田的事業也同步起飛，迅速成為日本摩托車工業界的第一個巨擘，但宗一郎不因此滿足，他接著進入競爭激烈的賽車界，最後本田也在這個領域獲得成功。本田的125cc雙缸車、250cc與500cc四缸車所向披靡，隨之而來的是絕佳的廣告效果。然而賽車的花費高昂，就在贏得所有比賽後，1967年本田正式退出賽車圈。自創立以來已經產出1000萬車輛的本田已然是世界強權。然而它還欠缺能夠在全球市場上與最強對手較勁的大型摩托車。這項計畫獲得本田在美國的經理中島支持，他明白進入大排氣量市場的重要性。1968年由車架專家，同時也是1960年代初車廠賽隊總監的原田帶領日本技師，再加上引擎製造經理白倉通力合作。當年夏天就看到了成果，第一輛原型車開始測試，正式推出則定於同年的10月25日。這開啟日本大舉入侵的年代，摩托車界的光景再也不似從前。

KAWASAKI川崎
MACH III H1 500

1969

這是一輛500cc的二行程三缸摩托車，1969年當川崎推出這輛摩托車，可以說顛覆了常識。當時所有主要的摩托車製造商都競相投入從650cc成長到750cc的新市場，但川崎卻不按牌理出牌，推出500cc車款，讓同業滿腹狐疑。在1950及1960年代，這是經典車款的cc數，但已經不再受青睞，這類摩托車當時都裝在輕量的摩托車上，一般都是三缸引擎。會出這個奇招讓外界很難理解，而這樣的創意並非來自廣大的美國市場。它的重點就在於特異，而且是故意引人注意，因為川崎必須建立地位，即使是引人側目也無所謂，尤其它又是最晚進入市場的日本製超商。這家公司的歷史其實並不久遠，至少在摩托車製造上是如此，自1960年代起步，生產輕量的街車與越野摩托車，之後由於市場的潛力與需求才進入大型摩托車市場，並且以H1當作第一炮。在美國，產業研究與專家認為，如果能創造一輛車款，在轉速拉到紅線區時，加速能讓體積龐大又笨重的雙缸摩托車嚇一跳，那就能迎合需求。要輕巧、簡單、製作精良，而且能夠輸出至少60匹馬力，這時必須回歸二行程。這輛車採用三缸設計，因為雙缸不夠用而且比較無趣，川崎想盡辦法就是要避免無趣。不僅如此，為了強化加速，讓摩托車在某種程度上易於在加速時拉起前輪也是好事，這是重要但不理性的要求。Mach III H1 500，一輛強力的摩托車就此誕生，至今依然讓人渴望擁有。它有純正的跑車設計，雖然它在美國市場配置了高手把，但在歐洲則以較低的手把取代。車架前段看來虛弱又不夠重，中段及後段設計良好，比例均衡。迷人的二行程三汽缸引擎，前傾15度，論汽缸數與角度都跟BSA火箭3相同！60匹馬力在8000rpm輸出（還有5.6kgm的扭力在7000rpm產生），讓人著迷。重量是不可思議的175公斤，最高時速可達200公里，加速驚人，從0到400公尺衝刺僅需12.4秒。

對這輛摩托車的好惡壁壘分明，一方面有粉絲讚賞它的力量、加速、輕巧、五速變速箱、能輕易拉起前輪，還有二行程三缸引擎的聲浪讓人興奮得顫抖。另一方面則有人數落它的不是，而且缺點還不少。低轉速時引擎不好控制，但展現性能時行路性卻又不佳，除了車架的因素，主要還是避震鬆散無力，前又避震尤其糟糕。此外，刻意輕量化的前段車架有礙高速穩定性，煞車相較於活力充沛的引擎則屬無力。最後，它是一輛烏賊車，又很耗油。儘管如此，有好幾年它都是眾家摩托車在靜態起跑的比賽上亟欲戰勝的頭號對手。

170-171 Mach Ⅲ 500
在1973年進行了外觀改
裝,加上H1D字樣。油
箱與側板重新設計,座
椅更寬,尾端的顏色也
與車身相同。

171最上 從正後方可
以看到兩側突出的傳
動蓋。

KAWASAKI

KAWASAKI

MV AGUSTA奥古斯塔
750 SPORT

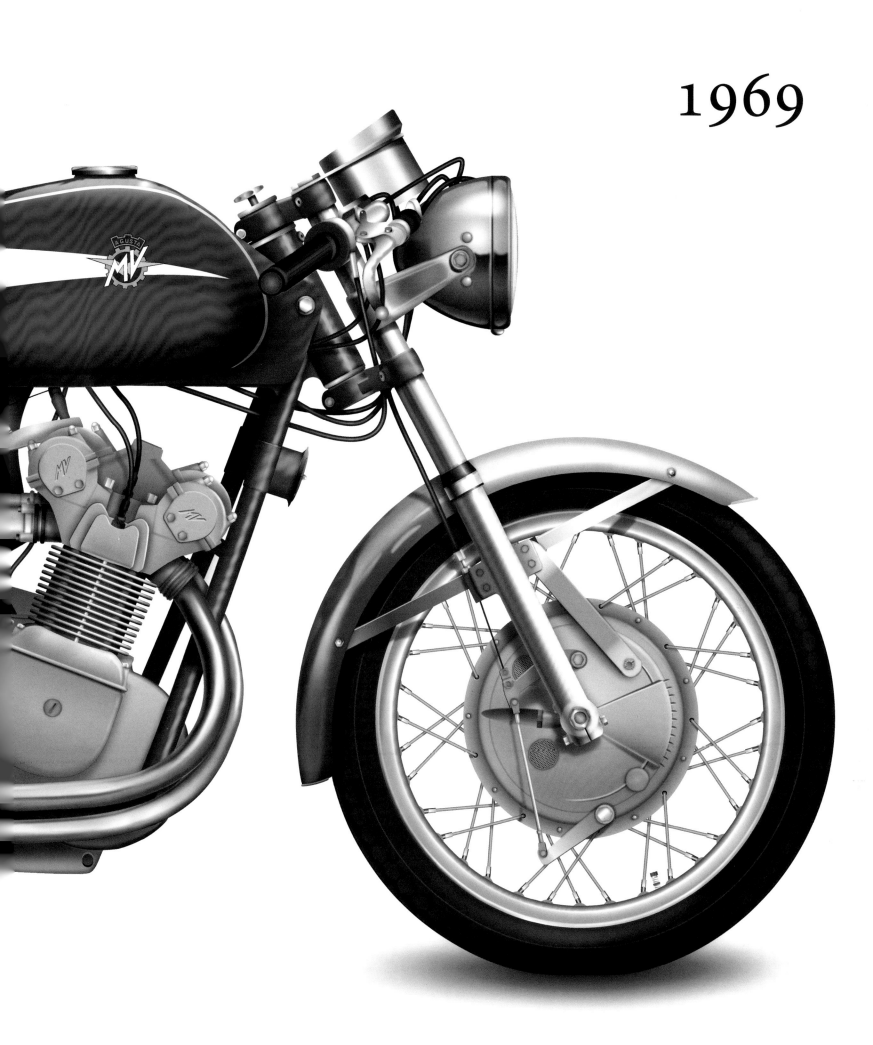

1969

有兩個元素讓這輛強力的四缸摩托車與眾不同。首先，它來自一個擁有獨特歷史的稀有品牌。它的血統與多年來在賽車界享有盛名的摩托車相同。我們就從歷史開始認識它，而這個製造商的起源與其他許多家製造商相似。1907年，喬凡尼·奧古斯塔（Giovanni Augusta）成立了航空製造公司（Società Costruzioni Aeronautiche）。二次大戰後，市場對於發展不在金字塔頂層、更大眾取向的產品有所需求，於是這家公司決定生產摩托車，而在1945年，維格拉機械公司（Meccanica Verghera company）誕生了。這個前途看好的重大計畫由喬凡尼的兒子多米尼哥（Domenico）主持，輕量摩托車的生產就此展開，由於人員與管理都是出自航空業，採用的材料優異，公差容許度小，所以優異的品質是理所當然。就像其他的製造商，多米尼哥伯爵也是個速度狂，並將競賽與獲勝視為宣傳與推廣自己產品的絕佳方式。此後該公司便開始贏得賽事，把成功推向巔峰，甚至在國際賽事中一度擁有最多的冠軍頭銜，

包括曼島TT大賽、世界製造商冠軍、世界車手冠軍，再加上於歐洲各地及義大利贏得的無數次冠軍。為MV貢獻勝利的知名車手包括賈科莫·奧古斯提尼（Giacomo Agostini）、卡洛·班迪洛拉（Carlo Bandirola）、安傑羅·博加蒙堤（Angelo Bergamonti）吉安弗蘭科·博內拉（Gianfranco Bonera）、雷斯理·葛拉漢（Leslie Graham）、麥克·海伍德（Mike Hailwood）、蓋瑞·賀京（Gary Hocking）、比爾·洛馬斯（Bill Lomas）、翁貝托·馬薩迪（Umberto Masetti）、阿爾貝托·帕加尼（Alberto Pagani）、塔奎尼歐·波維尼（Tarquinio Provini）、菲爾·雷德（Phil Read）、約翰·索狄斯（John Surtees）、卡洛·烏比亞利（Carlo Ubbiali），以及雷默·文圖里（Remo Venturi）。

這些勝利影響了公司的生產，特別是驚人的750Sport，它擁有直列四缸引擎。幾年前在伯爵支持下為賽車所打造的那具500cc引擎，就是這具引擎的起源，當時並得力於工程師皮耶卓·雷默（Pietro Remor）的聰明才智（他曾在吉雷拉負責製

造傳奇的四缸引擎），讓它在大獎賽500cc等級初次亮相。等到大眾可以擁有搭載這具引擎的摩托車，還要到1965年，當時MV600以限量推出。它並不算特別成功，車迷期盼的是真正的賽車，更接近傳奇的大獎賽摩托車。後來在1969年11月米蘭車展，MV推出強勁的750Sport。巨大的直列四缸引擎，前傾20度，具頂置雙凸輪軸，排氣量擴增到743cc，能夠於7900rpm輸出70匹馬力。儘管重達230公斤，仍然有足夠力量帶來高性能。沒多久它就與更現代、價格親民但魅力不大的本田750展開激烈競爭。萬向接頭軸傳動是這輛昂貴大型摩托車的唯一敗筆，這類型傳動方式不利運動性，這是多米尼哥的主意，他希望市售摩托車與公司專為比賽打造的官方賽車較大區別，並希望阻止那些異想天開的騎士，購買750來改裝參賽。

軸傳動加上與大獎賽參賽車輛不太一樣的車架，激發了許多有創意的改裝：新的車架、油箱、更運動化的側蓋與車尾、加強過的引擎，甚至特別改為鏈條傳動。因此MV賽車部門的運動總監亞瑟·馬格尼（Hence Arthur Magni）與他人合作推出一系列漂亮的特別款摩托車，這些人包括馬西莫·坦布里尼（Massimo Tamburini）、謝格尼（Segoni）兄弟、法蘭柯（Franco）與瑪里歐·羅西（Mario Rossi）以及MV的前德國進口商麥可·韓森（Michael Hansen）。

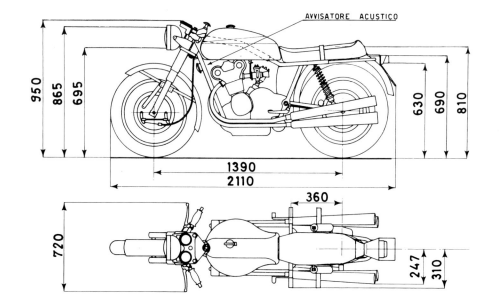

174　MV向義大利交通部提出的眾多法規認證申請之一，此為750cv四缸車款，1973年版本。

175　賈科莫·奧古斯提尼在蒙札賽道跨上MV摩托車，他於1965至1974年為維格拉機械公司出賽。

1970年代最值得一提的就是優異的摩托車輩出，以及歐洲製造廠努力抵禦日本車的不斷入侵；至於1980則是塑膠件、電子零件充斥的年代。

許多書籍對1970年代的摩托車讚譽有加，幾個世代的車迷都為之傾倒。在這十年間問世的一些摩托車，甚至到今天都還受到車迷與收藏家競相追逐，無論是日常使用或僅僅想當作展示品。

這個時期對摩托車製造商來說並不輕鬆。首先他們必須對付讓摩托車業陷入危機的汽車業，因為汽車的價格已經讓人能負擔得起。為此，要把摩托車銷售出去就必須與汽車做出更大區隔。而且除了製造輕巧的機動腳踏車，也要推出大型機車，以吸引不至於每到月底就把微薄薪資花光的客群，更重要的是吸引那些不必在汽車與摩托車之間二選一，又非常樂於把兩種車都購入的客群。屋漏偏逢連夜雨，日本車也是市場的大患之一。那些曾經締造摩托車歷史的製造商一個接著一個消失了。那些早已經是傳奇的名號，曾經與一代又一代的追風英雄連結在一起，卻拉下了大門。寶馬、拉維達（Laverda）、KTM、摩托古奇（Moto Guzzi）、Moto Morini、杜卡迪（Ducati）、哈雷（Harley- Davidson）、Bultaco以及Ossa e Montesa 是存活下來的其中一些製造商，新的大型製造商出現，與他們同臺較勁：本田、川崎、山葉，還有鈴木。日本人對於新科技的應用不遺餘力，製造上的困難也不會讓他們卻步。他們費盡心力研究市場，推出堅固、不必花太多心思保養的車款，而且性能卓越，富

有新穎的特色。幾年前，利用多汽缸引擎仍難以想像，現在卻已經普及。日本摩托車最大的優勢就在於品質極優異，從機動腳踏車到大型摩托車都保證可靠。漏油或經常故障等缺點只存在記憶中。於是他們橫掃發展中的摩托車市場。塑膠件與電子零件的使用增加，水冷幾乎是必備，還有整流罩——以利高速行駛。為此，要達到令人滿意的煞車距離，就要捨棄鼓式煞車改採碟煞。種種條件配合下，使得高性能摩托車讓許多人都能擁有，也不必在設計與舒適度方面有所犧牲。

最早將電子噴射供油應用在二行程與四行程引擎的，分別是比雅久的偉士牌125，以及川崎GPZ1100i。有少數幾家摩托車製造商追隨汽車業的腳步，開始採用渦輪增壓。這似乎是個顯而易見的發展：中等容積、輕量、容易操控的摩托車，但卻具有大型摩托車的性能。最早嘗試這個作法的是本田的CX 500，接著是鈴木XN85、山葉

KJ650以及川崎GPZ750。同樣的情況也發生在義大利，Moto Morini創造了一輛擁有傳奇V型引擎的摩托車，由法蘭柯·蘭貝爾帝尼（Franco Lambertini）設計。但並非所有人都那麼順利。渦輪增壓不易控制，有明顯的渦輪遲滯，有時還非常危險。此外渦輪增壓無可避免地讓摩托車更重，幾乎與較大的1000cc車種相近，同時還必須額外安裝精密機件，因此也更昂貴。市場不歡迎這類摩托車，銷售也開始下滑。回歸經典，回到傳統，還是比較好的主意，意思是摩托車性能就算非常強勁，還是要能夠受控制。引擎容積持續增加，待渦輪增壓遭淘汰後，我們就朝著每汽缸四氣門的方向前進。二行程引擎依舊稱霸較小容積的摩托車，並且得力於簧片閥、排氣閥，以及因此成為必備裝置的自動混合機油幫浦。它不是全新的創舉，甚至舉例來說，在一些來自東歐的輕型摩托車上都能看到。帶有手動幫浦的混調器具從此走入歷史。

7 年輕的李察·吉爾坐在凱旋摩托車上，這個場景來自1981年泰勒·哈克佛導演的電影《軍官與紳士》。

8 這張來自1970年代照片中，約旦國王胡笙騎著一輛本田，載著他的兩個女兒席恩與阿伊莎。

179 許多電影都有明星騎乘摩托車的畫面，這張照片是安東尼·昆與安·瑪格莉特騎著凱旋出現在1970年的電影《風暴狂潮》。

NORTON COMMANDO
諾頓 突擊隊 PR 750

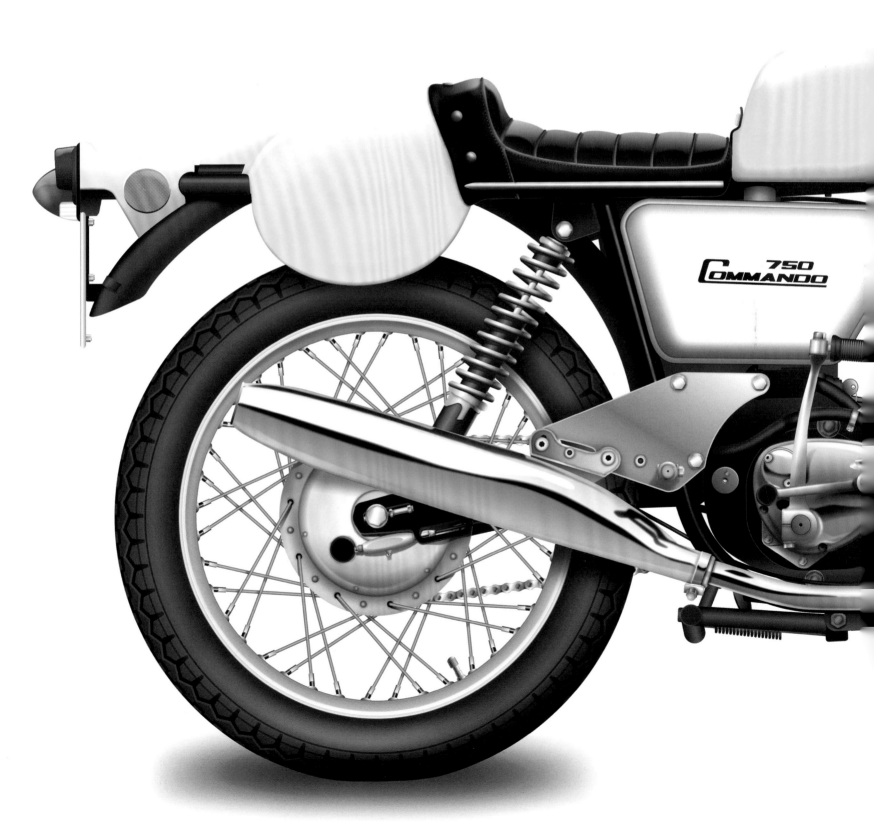

1970

輕盈、修長、流線，具有黃色的玻璃纖維車身，老遠就能吸引目光。突擊隊PR至今還是一輛夢幻車款，像一件供欣賞用的美麗擺飾，而不是用來騎的摩托車。

它在1970年初登場，散發典型英式魅力。創造這輛摩托車的真正企圖清楚展現在車名縮寫：PR（Production Racer，量產賽車）。這是一輛為系列賽打造的車。回溯這家英國製造商的歷史，這輛車的出現再理所當然不過，諾頓在20世紀初期由詹姆士‧諾頓（James Norton）創立，向來在賽車方面都有傑出表現。

從早先生產腳踏車零件出發，諾頓後來推出迅速風靡全球的夢幻摩托車，不僅要歸功於這些車的高品質與魅力，

還有在賽車場上的勝利。1930與1940年代，International是他們主要的參賽車型，之後則轉以表現極佳的Manx車型出賽。然而在1960年代市場開始出現變化，要跟上腳步就必須求變。英國摩托車在過去幾十年來都在全球市場上傲視群雄，但卻開始出現老化與衰退的徵兆。

突擊隊就在這個時刻誕生了，對諾頓來說這是一款肩負改變未來、扭轉頹勢的摩托車。這項計畫由集團董事長丹尼斯‧包爾（Dennis Bauer）推動，執行者則是新來的工程師史蒂芬‧包爾（Stefan Bauer），並有伯納德‧胡柏（Bernard

182 傑出的配置、優異的引擎，還有迷人的賽車風格，是諾頓PR的成功元素。產量僅有數百輛，採用四速變速箱。

Hooper）及鮑伯‧崔格（Bob Trig）參與。胡柏是技術精湛、受到讚譽的技師；而崔格是設計師。經過幾個月的努力奮鬥，突擊隊終於就緒，當它於1967年在倫敦車展亮相時，不僅震撼了圈內人，還有摩托車迷。許多的不可思議、興奮，以及疑慮、不解、困惑都圍繞著這輛摩托車。舉例來說，它的設計在許多人眼裡太過大膽、太有未來感，不夠經典，因為在坐椅後方有一個玻璃纖維製成的尾端。考量當時大環境經濟情況不佳，欠缺資金打造一輛徹頭徹尾的新車，因此只有車架與車身是新的，引擎取自現有經典的雙缸車款Atlas的引擎。89mm長行程，與73mm缸徑，加上常見的360度曲軸，還有20度前傾的汽缸，以便降低重心，並搭配不同以往的汽缸頭、活塞與曲軸。

這輛摩托車引發激烈爭論的另一項特色是稱作Isolastic的系統，透過它把引擎固定在車架上，基本上這是一種阻尼器，由於使用了這個系統，再搭配精準的曲軸平衡，並列雙缸著名而典型的震動從此消失。

一旦克服了初期的疑慮並經過試騎，訂單便開始湧入。隨著訂單而來的還有賽車愛好者的要求，希望馬力已相當充沛的雙缸引擎能再增加一些馬力。製造商滿足了這個需求，推出Combat版，含有改裝整具引擎的套件。但若調整不當，經常會造成提前故障。

1970年是一個轉捩點：這次不是推出套件或選配，諾頓決定直接出售參加超級摩托車賽（Superbike racing）的限量車款，經過完美調校，具有不同的照明系統與車牌架，令整個業界如臨大敵。

183 PR的賽車精神展現在大面積的前整流罩，能夠完美地保護騎士，還有整合了賽車號碼牌的車尾，以及低把手與向後傾斜的腳踏。

KTM 175 GS

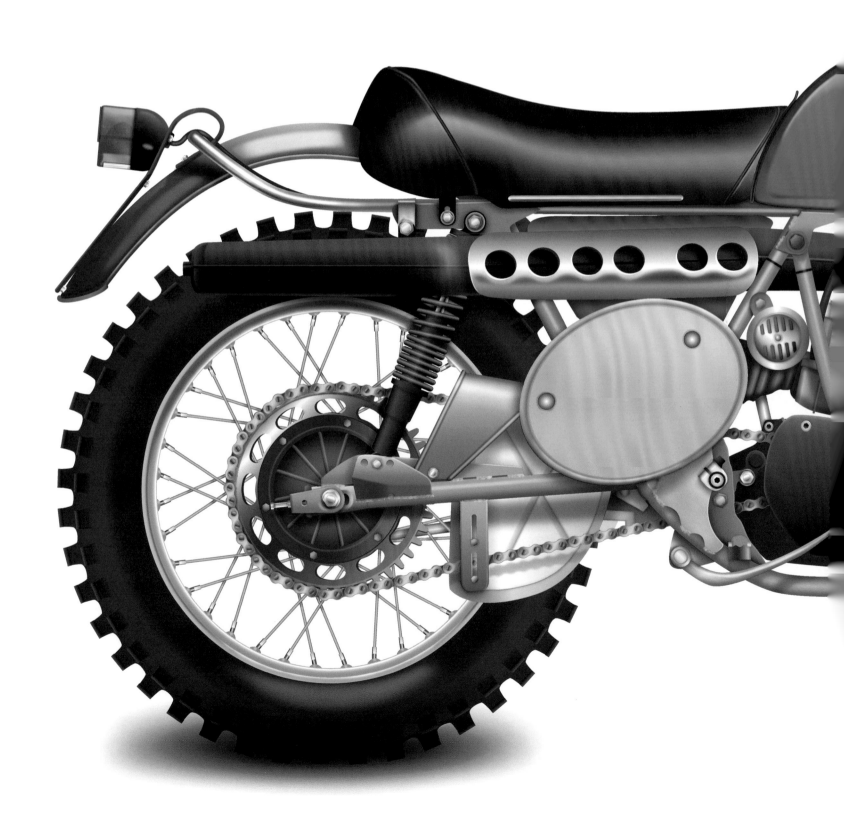

1971

KTM是越野王后，喜歡巧克力胎、玩泥巴、穿梭小徑和騎車跳躍的人，早晚都會夢想擁有一輛KTM摩托車。它是不折不扣的越野車，也是這個迷人的摩托車類別最典型的代表。這輛GS是一輛締造歷史的車，在1970年代早期震撼了這個類別，當時最後一批四行程摩托車，例如吉雷拉175 Regolarita Competizione，以及Moto Morini Corsaro Regolarita 165還在參賽。KTM名稱來自Kronreif、Trunkenpolz與Mattinghofen的縮寫。

合夥關係可以回溯到1955年，當時漢斯·特魯肯波茲（Hans Trunkenpolz）已經擁有一家機械工坊，他遇到了恩斯特·克朗列夫（Ernst Kronreif），兩人因為有共同的熱情，決定一起合作事業，在奧地利的村莊馬蒂希霍芬（Mattinghofen）打造摩托車。他們注意到賽車是一種絕佳的廣告投資，便立刻著手打造輕型摩托車，並用於越野。不到十年，這家奧地利就擁有自己的賽車隊，以及在國內以及歐洲其他國家日漸響亮的聲譽。

1967年是另一個讓KTM揚名國際的關鍵時刻。當時美國人約翰·彭頓（John Penton），這位對越野充滿熱情的知名車手，同時也是摩托車進口商，看到小巧的KTM快意奔馳，立刻就愛上它。他比任何人都早洞察到這些奧地利摩托車成功的

186最上 量產的KTM 175，每一個零件都是專門為越野打造，因此即使並非專為比賽設計，也能夠立刻證明這輛車的競爭力。

186最下 最早配備自製引擎的KTM越野摩托車是175cc車款。這是一具二行程的短衝程引擎，能在8300rpm轉速下產生24匹馬力，有力、輸出範圍廣又不怕操。

187 卡爾·克蘭格（Carl Cranke）與比爾·烏特（Bill Uht）都是屬於美國錦標隊的車手，他們騎著彭頓摩托車參加1972年在捷克斯洛伐克舉辦的「國際六日越野賽」，正準備在柏油路段起跑。

秘密——因為具越野用途,這些摩托車強勁有力又耐操,且易於操控。由於它輕量的架構與適當的避震,並不需要太大容積的引擎與太多的馬力就能勝任。

彭頓與特魯肯波茲在米蘭的商展上碰面,精采的故事就此展開。KTM開始依照彭頓要求的規格少量打造一批批的摩托車,再由他掛上自己在美國市場的品牌銷售,結果大獲好評。至於這家奧地利製造商,透過精明的結盟後,在業界獲得的好評更甚以往。

1970年,該公司再次邁出重大的一步。可靠的Sachs引擎常用於100cc及125cc的車款,但這時KTM決定自製大容積引擎。成功的KTM GS系列包括175、250及400cc,主宰了場地越野車(motocross)及林道越野車(enduro)賽事。1971最早亮相的是175級別的摩托車,採用二行程單缸引擎的Type52引擎,輕量的鋁質汽缸,短衝程設計(63.5 x 54 mm),壓縮比為10:1,最大輸出24匹馬力在8300rpm產生,有爪型聯軸器的六速變速箱。它有

傳統的雙搖籃式車架,採鉬鉻合金鋼管,車重限制在99公斤。這是一輛非常輕盈易操控的摩托車。低轉速時不像125cc引擎那般虛弱,高轉速時又不至太狂暴或難以駕馭。次年開始出售更驃悍、更有力的GS250,具34匹馬力。三年後,在1975年,更勁爆的GS400問世。引擎擴大到352cc,力量提升到將近40匹馬力,重量不過100公斤。這是一輛必須深諳駕馭技巧才不會遭到反噬的摩托車,特別為專家與專業車手而生。

LAVERDA拉維達
SFC 750

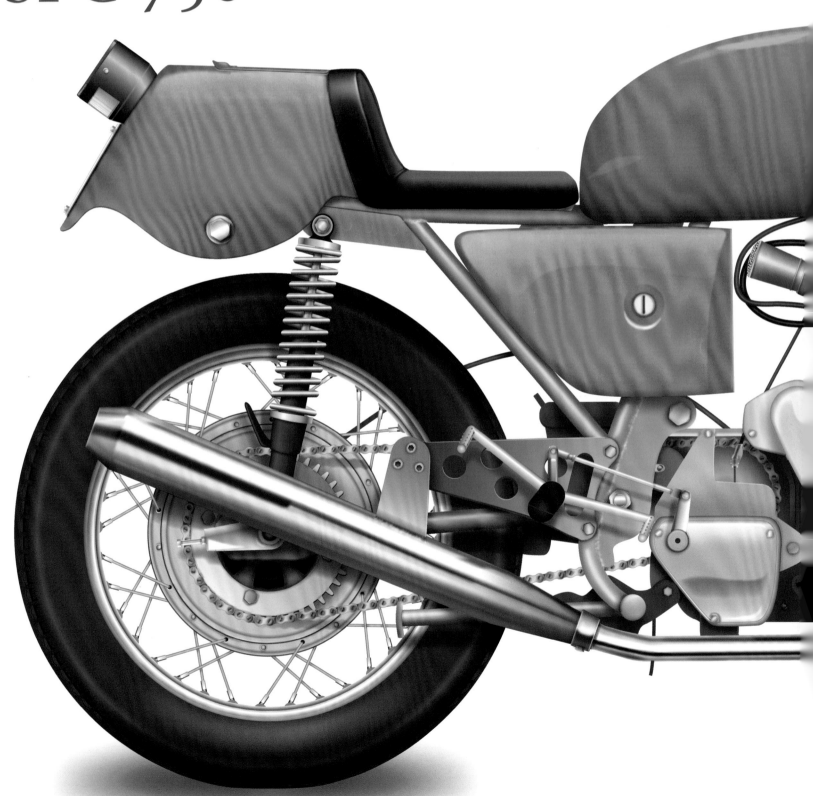

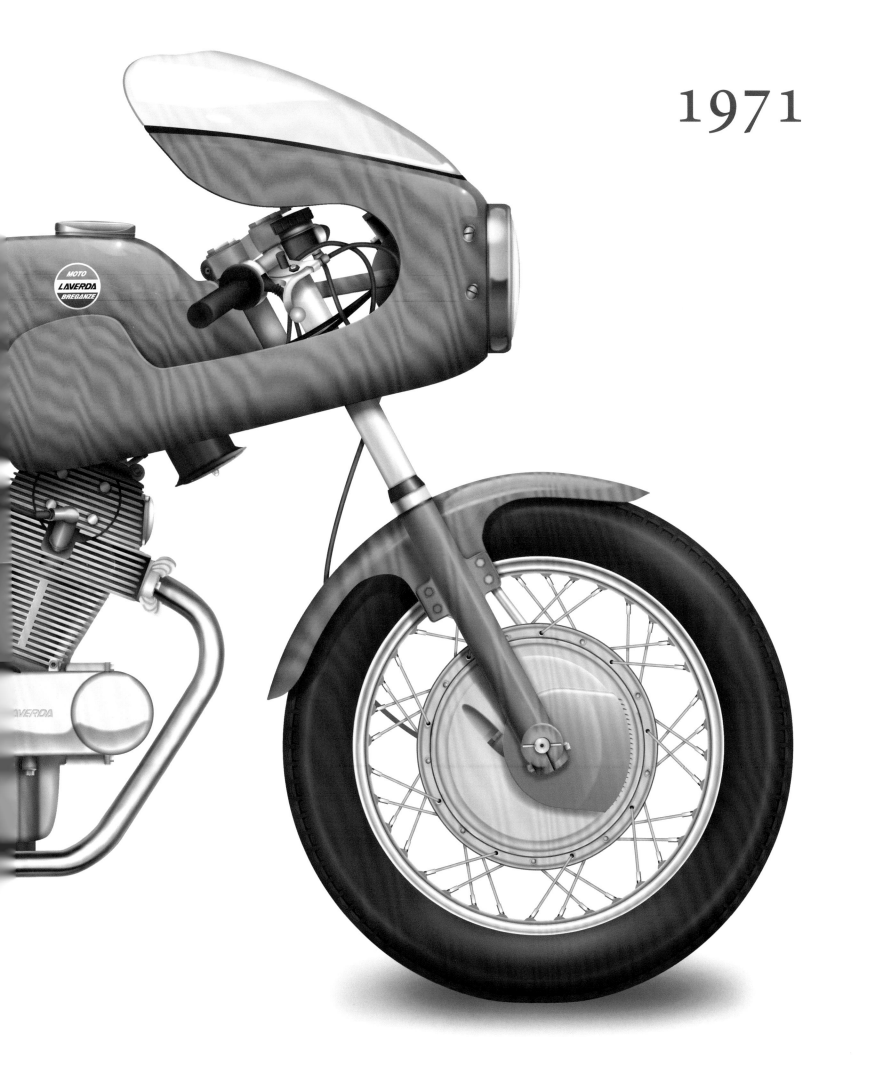

1971

190-191 最早原裝的SFC是為騎工而生的摩托車，油箱
為鋁製。當它在一般摩托車市場銷售時，油箱、整流罩
以及車尾就是由玻璃纖維製成。

外 型威風八面、充滿肌肉感，但不
易騎乘，它兼具速度與穩定性，
是讓人作夢都想擁有的摩托車。或許很難
料到這輛橘色摩托車會這麼成功，但拉維
達750SFC確實不曾讓人失望，至今仍如
同以往，在摩托車界的菁英車迷間有一
定的地位。這輛摩托車總共生產不到600
輛，跟諾頓突擊隊PR都是世界上最常被
複製，也是最常被仿冒的摩托車之一，因
此要找到真品並不容易。當初車迷之所以
注意到這輛來自義大利維內托（Veneto）

的摩托車，並不是因為SFC本身，而是法蘭西斯科‧拉維達（Francesco Laverda）的緣故。這個家族企業原本經營農機，但在戰後初期，法蘭西斯科決定為國家的復興盡一份心力，他設計並打造出輕型摩托車。初試啼聲的是一輛四行程75cc的車，堅固耐用而且特別省油。從米蘭到塔蘭托（Taranto）、環義大賽（Giro d'Italia）與其他長距離大賽（Gran Fondo），這輛小巧、來自布雷干哲（Breganze）且幾乎默默無聞的摩托車開始脫穎而出。幾年後更大排氣量的車款問世，當時他的兩個

兒子馬西莫（Massimo）與皮耶羅‧拉維達（Piero Laverda）已參與管理工作。歷經1950年代的盛況後，當時市場陷入危機，這家布雷干哲的製造商也在摸索新方向，例如生產機動腳踏車與速克達，但唯一能再次讓成功降臨的，卻是在馬西莫領導下，投入較大引擎的生產，以打進美國市場。因此拉維達的第一輛大型摩托車誕生了，先是650cc，再來是推出750cc車款。對於一家小公司，這是大膽之舉，也讓優秀的技術總監路奇阿諾‧然（Luciano Zen）面臨考驗。主要的特點在

引擎，四行程並列雙缸、25度前傾、短衝程，而且尾端車架可拆卸。如同當時習慣的說法，這些是GT豪華旅行車，也就是Gran Turismo（意為「壯闊旅程」）。但是拉維達第二代血液裡流著的是鍾情長距離、耐力與速度的競賽精神。這樣的精神也帶動義大利改裝量產車比賽的普及。因此750 SFC（Super Freni Competizione）就在1971年於米蘭車展推出。拉維達是屬於菁英的摩托車，瞄準高標準的摩托車貴族市場，這些人不想買日本車，但也對於英國車提不起勁。SF的客群是一般消費者，SFC則是為了滿足更狂野、要求更高的車迷——他們想要一輛超級摩托車，能夠從一個收費站飆到下一個收費站，或在最主要的賽道上參加耐力賽。這輛750毫不妥協，由來自托斯卡尼的騎士奧古斯都‧布列托尼（Augusto Brettoni）所設計。外型相當修長、飽滿，從前整流罩、油箱到車尾的結合都較符合空氣力學。只有頭燈與車牌架讓它看起來稍微沒那麼硬派，而這些是在公共道路上行駛所必備的。但它骨子裡還是一部賽道用車，很難挑戰到車的極限，而它卻具備許多競爭對手都難以想像的可靠、快速、高穩定性等特質。具有這些特質代表它總是能站上頒獎臺，這些比賽包括奧斯24小時大賽（荷蘭）、巴塞隆納24小時大賽、曼斯金碗人賽（Bol d'Or of Le Mans），以及曼札—莫德納—瓦萊倫加500公里大賽 。SFC的生產到1976年告終，就和所有優異的賽車一樣，它也經歷過車架及引擎的改良，但都不曾改變一開始打造它的初衷。

MOTO GUZZI 摩托古奇
V7 750 SPORT

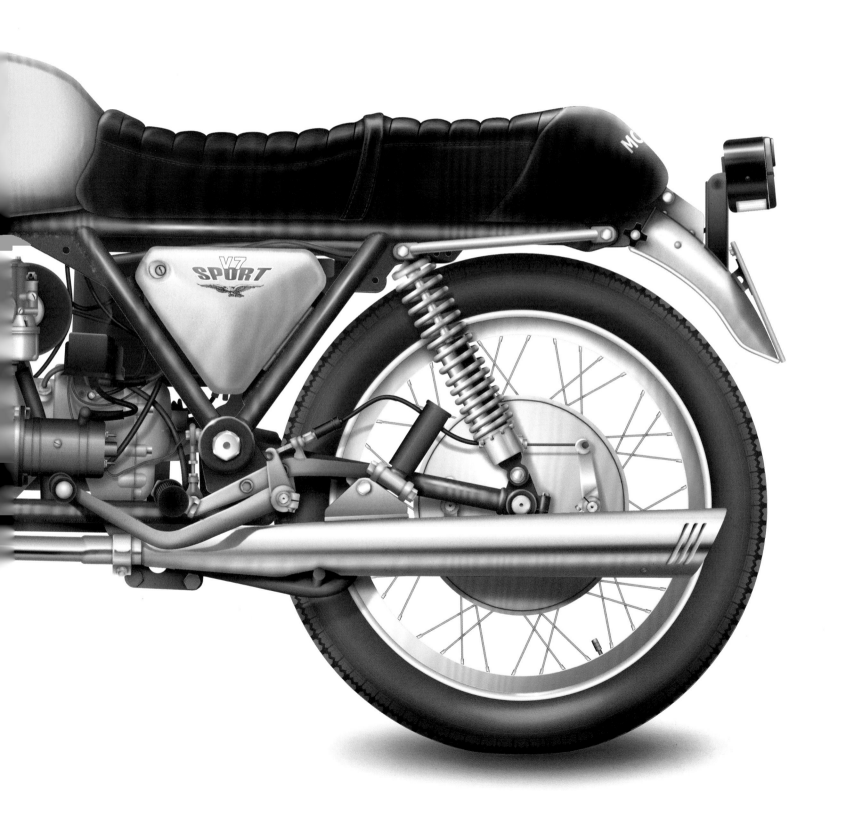

194 火紅車架搭配淡綠色油箱與側蓋是罕見的鮮豔配色組合,僅用在這家製造商「體驗部」製造的首150輛車上。

195 這輛摩托車的特色之一是高度與寬度可調的把手,降低後比較偏運動型,升高把手可以輕鬆漫遊,也適合休旅。

從這輛車開始，摩托古奇衍生出各式各樣運動型的90度V型雙缸引擎車款，也為這家以曼德洛德拉廖為根據地的製造商，從1970年寫下一頁又一頁的歷史，至今仍然不墜。V7 Sport就是一切的開始，之後S、S3，以及各式Le Mans車款相繼面世。新世紀降臨的V11 Sport，在許多方面又回歸到這輛摩托車的第一代，至少在顏色上是如此。V7 Sport 在當時獨樹一幟，當然也包括了它的配色。1969年，打造運動型車款的構想在蒙札賽道具體成型。當時摩托古奇希望打破紀錄，於是利用朱利歐・西薩・卡爾卡諾（Giulio Cesare Carcano）設計的新V型雙缸旅行車V7 touring作為開發基礎。在西瓦諾・伯特瑞利（Silvano Bertarelli）、維托里歐・布然畢拉（Vittorio Brambilla）、吉多・曼達拉齊（Guido Mandracci）、阿爾貝托・帕加尼（Alberto Pagani）等車手的協助下，展現非常優異的成果，生產運動型V7的想法因此誕生。其實除了優秀的技師里諾・通堤（Lino Tonti），摩托古奇的總經理羅莫洛・狄・史帝芬尼（Romolo de Stefani）也經常現身賽道，明白安裝在旅行車車架內的雙缸引擎有潛力，鼓勵通堤放手打造新的摩托車。這輛車時速必須達到200公里，重量不得超過200公斤，並且要有五速變速箱。滿腔熱血的通堤開始著手進行這個計畫，但是很快就因為工廠內不斷的罷工與緊張對立而受阻，於是決定在自己家完成，經常在夜間和朋友阿爾西德・比歐堤（Alcide Biotti）一起工作。這具引擎經過改良後性能更好，但最重要的是兩人創造了一個可拆卸的雙搖籃式車架——真正的經典之作。第一批V7 Sport共150輛，直接由研發中心組裝，至於底座則漆成了紅色，非常搶眼。

SUZUKI 鈴木
GT 750

1972

如果這稱得上是個錯誤，也只能說錯在鈴木所打造的大型二行程摩托車既不狂暴，也不夠有力，運動型機車不成，反倒成了柔順又溫馴的旅行車，無法取悅一般大眾。至於其他部分，從數字來看擁有一切成功的條件：稀有的二行程三缸水冷引擎，精緻的細節及高品質的用料。鈴木GT 750在1972年問世時，引起了轟動。來自日本濱松的製造商鈴木，從1950年代就以小排氣量的車款著稱著稱，在鈴木俊三悉心領導下，當時正準備打入中大型摩托車市場。1960年代，鈴木的小型二行程摩托車已在競速賽事中建立穩固的名聲，但這樣並不足夠，鈴木於是又在競爭者加入前，進軍小型越野摩托車的領域；不過在大型摩托車發展上，卻落後其他的日本大製造商。鈴木首先以500cc二行程雙缸車——Titan開路，結果相當成功，之後在1970年的東京車展推出GT 750。鈴木打造的GT 750是另類的摩托車，不落入主流的俗套，作工精緻，有許多鍍鉻部件，配以經典的車架，以及在同級車中獨特的引擎：一具二行程三缸水冷引擎，並有自動潤滑系統。二行程引擎善加利用鈴木二十年經驗的優勢；三缸配置則和競爭者作出區隔；水冷改善中間汽缸的散熱，不必散熱鰭片，引擎寬度也可以降低，變得更安靜。當然，這些特點也能夠把它和市場上的其他摩托車作出區隔。

當初很多人以為這輛750只是原型車，難以想像這麼複雜又不尋常的車子會投入生產。但事實上，750卻在1972年上市，雖然從規格來看屬於真正運動型跑車，實際上卻如同排氣量數字旁的縮寫GT所示，具有旅行車性格，外型優雅，對於塗裝顏色的選擇及搭配費盡心思。引擎是三缸的，卻有四支排氣管：中間汽缸的排氣管在引擎下方分為左右兩支，各自接上消音器，這項設計的目的在確保左右平衡與優雅的外觀。

這款鈴木的塊頭不小，能夠應付各種騎乘目的，非常適合中到長途的旅行。67匹馬力在6500

rpm產生，與當時相同排氣量的四行程引擎馬力相當，容易操駕，不會太過狂野。這是一輛堅固、精緻且稀罕的摩托車，唯一的缺點是平均油耗相當高，騎士必須更常停下來加油。由於當時防制空污法規實施在即，加上日益高升的油價，還有這輛摩托車本身的特性使然，雖然引擎有潛力，幾年後還是難逃停產命運。之後鈴木改投入四行程引擎，較普及也更符合需求，以供較大型的摩托車使用。

198-199 鈴木GT 750的設定以旅行為主要目的，能夠輕易吞噬道路，毫無震動，唯一的缺點就是很會吃汽油跟機油。

TRIUMPH 凱旋 X75 HURRICANE

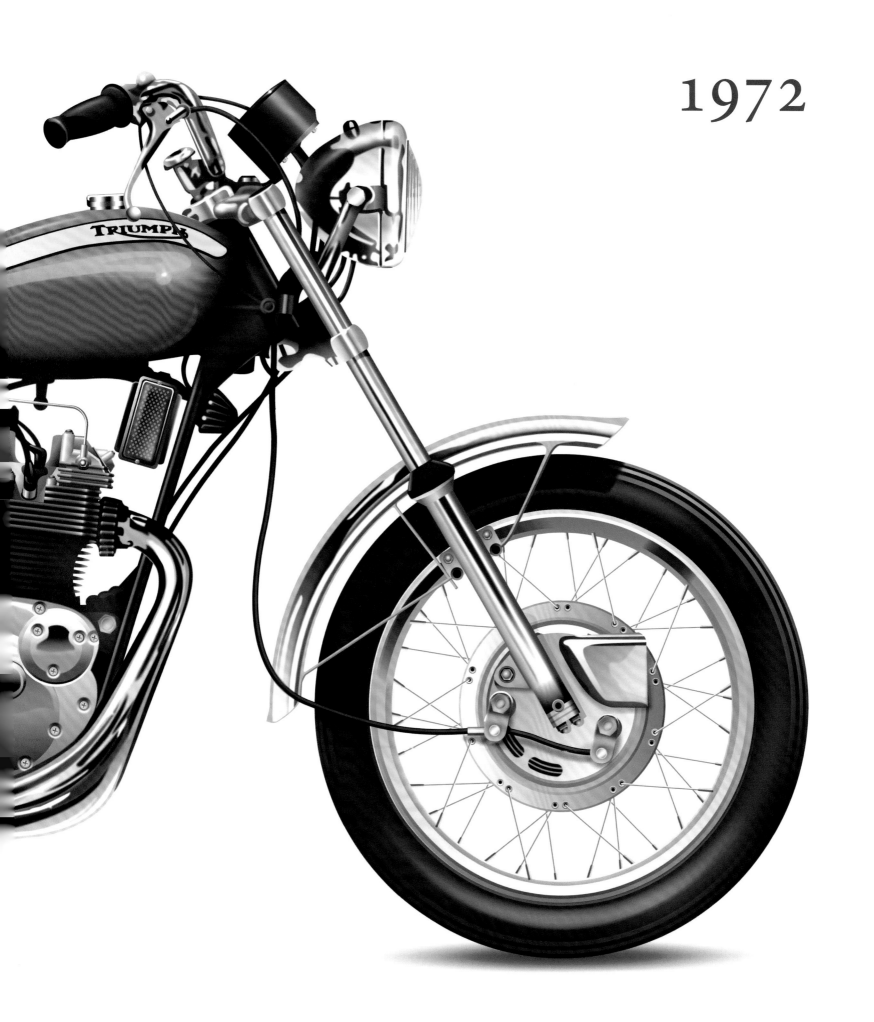

1972

這款改裝摩托車設計精良、以運動型車款為基礎，純粹為樂趣而限量打造，引起了狂熱分子的追捧。大膽又奇特的Hurricane（颶風）是凱旋專門為美國市場所製造的，生產時間還不到一年。出乎許多人意料，這個計畫的概念並非來自英國，而是出自BSA美國分公司的副總裁唐·布朗（Don Brown）。來自英國伯明罕的製造商BSA（與凱旋同屬一個集團），當時剛開始銷售全新的的BSA Rocket 3，但布朗對這部車的外觀並不真正滿意，認為這輛車太大、太笨重，於是把意見傳達給英國的管理層，並深信美國市場需要的是一部不一樣的摩托車——更能滿足美國富裕階層渴求的摩托車。布朗打定主意要秘密設計出一款以Rocket 3為基礎的特殊車款，但是應該把這個計畫交付給誰呢？在這家英國公司的美國銷售經理哈利·查普林（Harry Chaplin）建議下，布朗聯繫了來自伊利諾州的年輕設計師克雷格·維特（Craig Vetter）。維特對摩托車懷抱熱情，而且曾經以鈴木的Titan和凱旋的Bonneville為基礎，設計過特殊車款。兩人一拍即合，會面幾天後維特就開始展開計畫，最後創造出這個經典大作，也讓布朗決定把成果上報給管理高層。BSA美國分公司的總裁彼得·桑頓（Peter Thornton）和英國公司的人，特別是艾瑞克·透納

（Eric Turner）都喜歡這款車，透納更決定投產。在量產前的小批製造後，繼任桑頓的菲力斯·卡林斯基授意這輛摩托車以X75 Hurricane的名稱上市，並且掛上凱旋品牌。

202-203　這輛車的線條特徵是非常修長的前叉，還有淚滴狀的油箱與側蓋結合。顏色也不尋常，橘紅色為底，與黃色反光的色帶形成對比。

203上圖 克雷格·維特與一批X75 Hurricane合照，於1970年代初設計了這款摩托車。

DUCATI 杜卡迪 750 SS

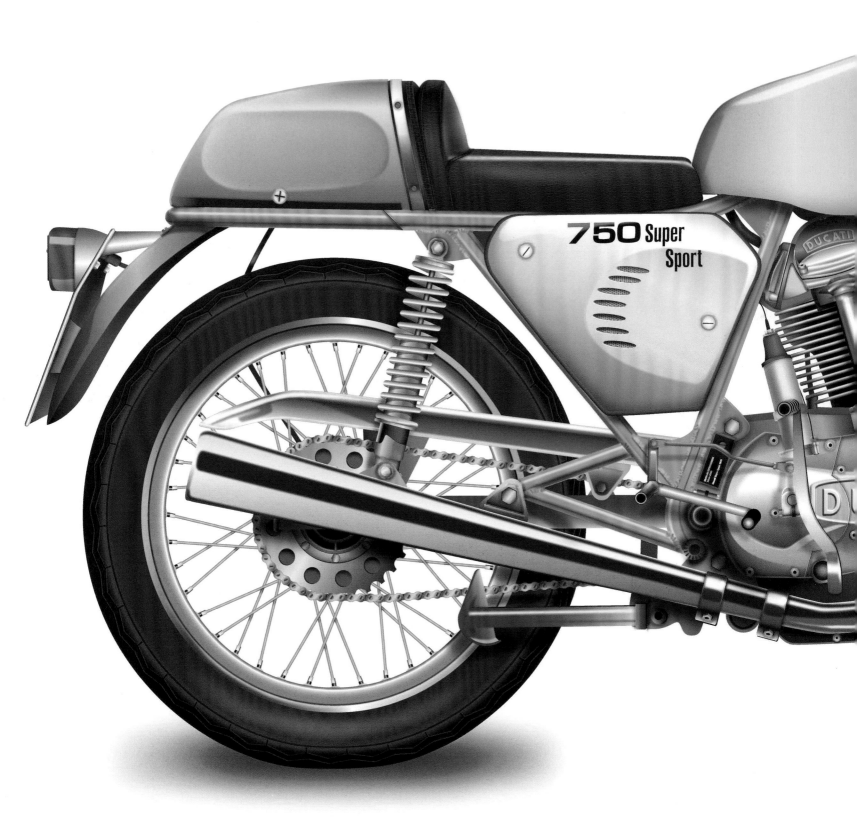

1973

在1972年，伊莫拉（Imola）的「200英里大賽」（200 Miglia）由保羅·史馬特（Paul Smart）奪冠，布魯諾·史巴吉亞利（Bruno Spaggiari）居次。他們贏得比賽的戰駒同樣是全新的Ducati750。這次勝利對杜卡迪的未來影響深遠，讓杜卡迪挾帶著法比歐·塔格里歐尼（Fabio Taglioni）設計的L型雙缸引擎，打入大型摩托車市場，這具引擎至今依然出眾。如果這不足以讓人信服，還有另一項特色讓這輛來自帕尼加列鎮（Borgo Panigale）的摩托車獨樹一幟——著名的連控軌道氣門系統。這套系統透過槓桿開啟及關閉氣門，使引擎達到非常

高的轉速，卻不必擔心氣門在高速運作時有顫動的風險。而賽道上的勝利更是讓許多人對兩位英雄所騎的車子趨之若鶩。杜卡迪不敢怠慢，次年春天就在杜林推出750 SS（代表Super Sport）。這簡直是保羅·史馬特賽車完整的翻版：配色相同、車架相同、引擎相同，只有面積較小的整流罩、上路就必須安裝的大燈及牌照架，還有兩支聲音較小的排氣管，讓它看來稍微溫馴一些。一旦跨

上這輛摩托車，就會驚喜連連。750 SS速度極快又穩定，感覺幾乎像在軌道上奔馳，但最亮眼的還是雙缸引擎，無論什麼轉速都有難以置信的出力：低轉飽滿柔順，只要扭開油門馬上秀出肌肉，加上有連控軌道氣門系統加持，可以連續衝刺又不必擔心引擎轉速過高。750 SS非常容易操控，但杜卡迪提供了專用套件，包括高角度曲軸、油冷散熱器、更暢通的排氣管，以及一系列的油嘴及齒盤，讓它隨時能夠與「改裝量產摩托車」競賽。不必再加裝些什麼，就已經是臺準備好上賽道的摩托車了。

206-207 獨特的顏色塗裝
讓人想起保羅．史馬特的
賽車。外層結構為玻璃纖
維，油箱上有一條透明的
條帶，可以檢查油量。

207 快速的DUCATI 750
SS經過些許改裝，就能變
身成無敵賽車。後方的焦
點在兩支排氣管獨特的線
條。

BMW 寶馬 R90S

1973

僅有少之又少的摩托車，論性能、可靠度、舒適度，以及安靜與優雅，能夠跟勞斯萊斯這個豪華與舒適的典範相提並論——1973年面世的寶馬R90S就是其中之一。

寶馬R90S散發貴族氣息，優雅，工藝無可挑剔，搭配首次提升到900cc的水平對臥引擎，天性安靜、靈活、堅固、運動性能好。像寶馬這麼傳統的公司，這輛車的一切可以說是包覆在不同以往的獨特外表中。

1973年對這家來自慕尼黑的製造商來說是重要的一年，原因有三個。首先，寶馬當時正歡慶第50萬臺摩托車出廠；其次，它了解時代正在改變，決定朝將近一公升的大型摩托車發展，並以90系列命名（依照傳統用來表示排氣量的數字）；最後，赫爾穆特·達內（Helmut Dahne）與蓋瑞·格林（Gary Green）在秋季的曼斯金碗大賽（Bol d'Or of Le Mans）贏得第三名。這一切重要事件都營造了良好的條件，讓運動型R90S上市時成為同級的最佳車款。

街車版本，或是較偏向旅行車的R90/6也是另一個選項，但是S版本因為一身TT大賽灰以及代托納（Daytona）橘，無疑受到更多的關注，還配備了Dellorto化油器，取代傳統的Bing化油器，有大面積的前整流罩保護騎士。

長距離行駛完全不是問題，它只需要少數簡單的保養，有絕佳的騎士姿勢設定，騎乘令人滿意，標準整流罩能切過空氣，控制件的位置安排妥當，巡航時速約達200公里。就算騎士一連騎上好幾百公里，下了摩托車還是輕鬆愉快。

Inimitable BMW...

Speedometer with Trip Meter

Voltmeter

Brake Fluid Warning Light

Electric Clock

Tachometer

Light Control Switch

3-Position Hydraulic Steering Damper

Electric Starter Button

Quartz Halogen Headlight

Quick Release Fuel Tank Cap

Brake Master Cylinder Protected Under Fuel Tank

Double-Tube Frame

Hydraulic Front Fork 8" Travel

6.3 Gallon Fuel Tank

Removable Tool Tray

Lockable Dual Seat

Long-Travel Shock Absorber

Luggage Compartment

Perforated Double Disc Brake

Front Wheel Removable without Brake Caliper Realignment

Unique "Alfin" Process Cylinder

High Torque Flat Twin Air Cooled Engine

Custom Two-Tone Finish

12 V. 25 Ah. Battery

Swingarm Mounted on Tapered Roller Bearings

Adjustable Footrests for Rider & Passenger

Control Window for Brakelining

Driveshaft in Oilbath

Three Position Shock Absorbers

Spiral Rear Drive Gear

Quick Pull-Out Axle

Sheer Riding Pleas

210　正如左頁寶馬廣告所傳達的訊息，這款德國傳奇摩托車沒人模仿得來，雖然有許多製造商抄襲，但結果差劣。

211上圖　著名的經過強化900cc雙缸引擎深受喜愛，配備義大利製Dellorto化油器。

211下圖　從1973年上市至1976年為止，這輛來自慕尼黑的摩托車有兩個前碟煞，在7000rpm產生67匹馬力（R90/6為60匹），極速約200公里。

1974

HONDA GOLD WING
本田金翼 GL 1000

要在摩托車產業揚名立萬，有時候要靠「誇大」這項本事，推出真正大膽，甚至有點浮誇的東西，尤其如果目標市場是美國，因為巨大又威風的哈雷在這裡影響深遠。

日本製造商一開始默默觀察，並追蹤歐洲與美洲知名製造商的發展，不過接著就開始開發自己的車型，不但能與競爭對手媲美，甚至遠遠超越。繼1970年代初期的CB750成功領先於主要製造商之後，本田的管理層認為推出1000cc大型摩托車的時機成熟了。這是一個要

求很高的困難任務，但是由入交昭一郎領導的工程師卻有本事、有決心，也有辦法克服這項新挑戰。誇大似乎是這個計畫的關鍵詞，起初研究與嘗試的是將近1500cc的水平對臥六缸引擎，但是實在太過大膽，就連這個以濱松為基地的大廠也無法勝任，因此整個計畫決定重新調整。最後，仍然相當有氣勢的本田金翼1000誕生了：有引人注目的水平對

臥四缸水冷引擎，單頂置曲軸由安靜的齒型皮帶控制，還有軸傳動，以及三個碟煞，無比舒適。由於重量與價格，金翼1000絕對不是適合每個人的摩托車，用作城市的代步車也不理想。多虧工程師的用心，採用原創的方式，降低了車輛的重心，因此相對於體積而言，意想不到地容易操控。

214-215　精良的作工與零件、令人印象深刻的規格尺寸，還有騎士與乘客的無比舒適讓金翼成為道路王后──哈雷 Electra Glide的主要競爭對手之一。

YAMAHA 山葉

XT 500

很多人都曾經嘗試設計終極的摩托車，但成果往往叫人失望。舉例來說，要打造能夠在鋪設路面長距離行駛，又可以應付崎嶇泥土路的摩托車，通常要作出太多妥協。1970年代，美國再次引領市場走向，因為這裡有遼闊的大地，還有許多機會駛離鋪設道路，騎在連綿的泥土路上。早期的scrambler多半是這種用途，但是始終不是真正的越野騎乘，因此有需要打造合適的車款。許多人注意到這塊市場空缺，特別是專注在尋找求生之道的英

國製造商，還有新興的日本品牌。舉例來說，凱旋推出了TR5T50，一款特別強調越野的scrambler，甚至在1973年參加在美國的「六日越野賽」（Six Days Trial），不過並未造成迴響。其中的原因有許多，包括它的重量、力量不足、還有英國摩托車眾所周知的典型缺陷。對山葉來說情況又不一樣，這家公司相對年輕，由川上源一成立於1955年，領先其他日本製造商，在1975年開發出貨真價實的林道越野車XT500。XT500擁有半公升容積的四行程引擎，四行程是

因為許多海外市場有嚴苛的空氣污染防制規範，而500cc的設定則是為了騎乘樂趣：動力柔順，扭力充沛，必要時又有足夠力量。這款山葉摩托車有的方面和BSA的Gold Star相似，在其他人失敗的地方取得成功，祕訣也許在於創新，或是以可靠及易操控取勝。不論原因為何，山葉都帶動了一股多功能摩托車的風潮，只不過幾年光景，就迫使所有主要製造商推出類似的車款。

218-219　雖然XT本質是越野車，但擁有幾乎如同街車般的配備。靠近油箱蓋的紅色蓋子用來注入機油，並容納在車架內。

219　根據不同市場的要求，所有的XT都有作出不同的改動。此處的XT在前叉上有車側反光板，以符合美國規範。

XT500最大的優勢在引擎——單缸、頂置曲軸、短衝程（缸徑x衝程為87x84mm），在6500rpm能發出大約30匹馬力，扭力相當好（在5250rpm有3.76kgm的扭力），輸出範圍廣，表現活潑，容易拉到高轉速，最重要的是引擎的震動不大，是個意外的驚喜。此外，XT500堅固、安靜、少廢氣，不漏油，而且油耗表現良好。這麼棒的引擎是由製作精良、頂管與油箱結合的輕盈叉型管單搖籃式車架支撐。避震、煞車及輪子的設定良好，超乎想像的易於操控，不但在狹小空間能靈活移動，長距離穿越鄉間也輕鬆愉快，即使變速箱比例較長也沒有阻礙。這都拜磐田市的山葉工程師發揮巧思，利用最好的材料限制重量，像是鎂合金製的曲軸箱，以及鋁質的油箱。

總之，山葉帶動起大型四行程林道越野車的風潮——可以行駛柏油路、泥土路或沙漠，也能夠載運乘客，屬於全功能的摩托車類別。

BIMOTA 比摩塔 SB2 750

1976

222-223 由才華洋溢的湯布里尼一手打造，SB2也扭轉
了比摩塔的命運。早幾年前，這家來自里米尼的小製造
商只生產摩托車的運動化套件。

瓦雷里奧‧比安奇（Valerio Bianchi）、朱塞佩‧莫利（Giuseppe Morri）、馬希姆‧湯布利尼（Massimo Tamburini）三個人姓氏的前兩個字母組成了比摩塔這間公司的英文名稱——Bimota。以里米尼（Rimini）為根據地的比摩塔，最初生產日本摩托車的運動化套件。製作精良的配件立刻讓這家公司聲名大噪，然而創意奇才湯布利尼並不滿足於此，於是開始製作摩托車，以MV奧古斯塔為基礎推出了特別版的摩托車後，決定把心力放

在新問世的本田750。本田750有絕佳的引擎，但車架卻粗劣。湯布利尼把它重新設計，並在1973推出HB1賽車（意即Honda-Bimota 1）。新的車架表現優異，這款車也威名遠播，從尋常的騎士到摩托車業巨擘無人不知。之後湯布利尼改用鈴木引擎，推出500cc的GP大獎賽賽車SB1（意即Suzuki-Bimota 1），之後在1976年車展推出SB2街車。用不可思議形容它還太保守，採用GS750的四缸引擎，湯布利尼創造了一輛貨真價實、風格獨具的超級摩托車。環抱式車

架由兩個部分組成，在靠近汽缸處以錐形接頭連結，並且在引擎下方直接加以固定。這是穩固的剛性結構，不過實際上卻可以直接分成前後兩半，幾分鐘就能將引擎卸下。為降低重心，油箱置於引擎下方，排氣系統穿過引擎內部機件上方及與坐墊下方，再從尾燈旁伸出。不過進入生產時因為散熱與供油的問題，又改為較傳統的設計：油箱回到了上方，四合一的排氣管則在下方。由於不打算再重新設計車尾，因此原本排氣管留下的空洞就裝上了兩個大方向燈。

BMW 寶馬 R80 G/S

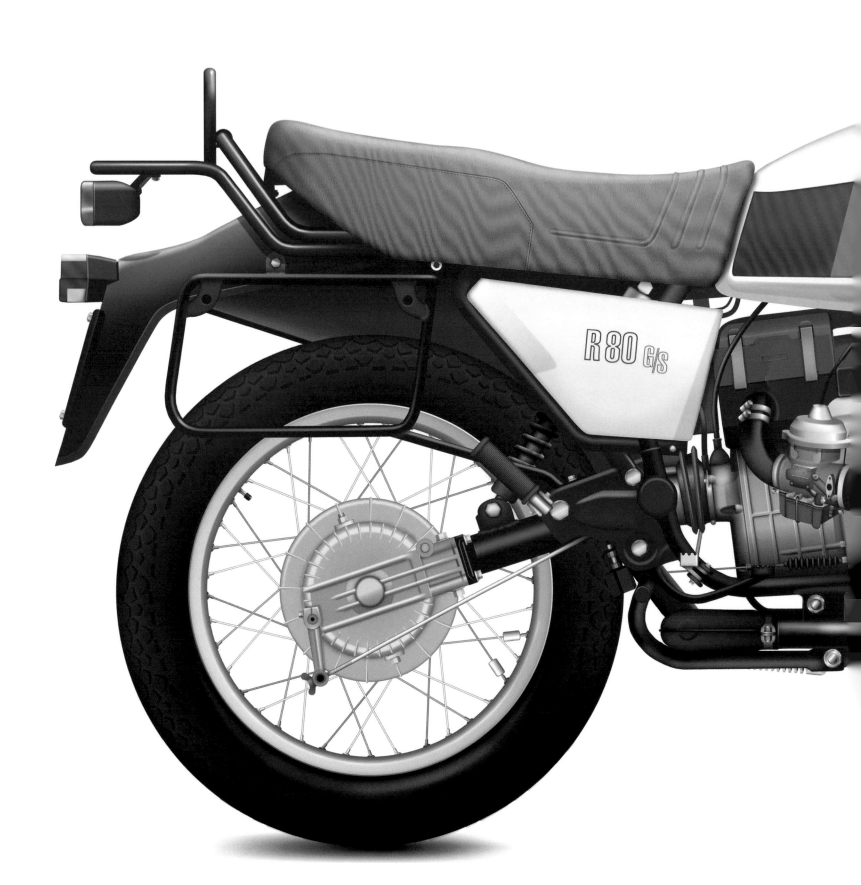

1980

75 Jahre BMW Motorrad
75 Years of BMW Motorcycles

1980   BMW R 80 GS

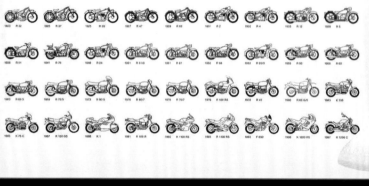

226上圖　為了慶祝德國製
造商BMW的75周年紀念
所設計的海報，上方最顯
著的就是一輛G/S。

226-227 1996年的R80 G/S BASIC是BMW最後一輛雙氣門水平對臥雙缸引擎的越野車。

既能以160公里的時速奔馳，也可以飛越沙丘，R80 G/S這款林道越野車讓BMW在1980年代風靡越野車市場，名稱中的G和S在德文中分別代表越野（Gelände）和街道（Strasse），清楚展現出不同凡響的雙重性質。引擎仍然採水平對臥設計，但這次則安裝在為越野設計的獨特車架中。對BMW來說這不算創新的做法，因為從1926年它就參加了越野賽，雖然基本上是以改裝過的街車出賽，而戰後依然如此，一直持續到1970年代。當時在許多比賽中能看到強大的750摩托車，頂著高聳的排氣管與斜橫紋輪胎，強力穿越小徑與山脊。

1979年代中期以後，設計師呂迪格·古切（Rudiger Gutsche）帶來了重要的轉機。他有十年時間都在觀察BMW官方用於這些越野賽的摩托車，追蹤相關發展與準備工作。第一批日本林道越野車的來臨讓市場不知所措，卻激發了古斯切的創意與熱情。起初他只是私自設想，後來開始正式思考，並設計一款貨真價實的BMW越野車推出到市場。拉維達在發展階段接獲聯繫，製造了幾個測試車架。雙方的合作關係後來雖然告終，但已為這個計畫奠定了成功的基礎。古切採用的都是尋常的工程設計，再結合BMW傳統，但只有一點例外，那就是利用了如同Imme摩托車所採用的單搖臂。這是輛成功的車子，獲得BMW摩托車部門負責人埃伯哈特·薩爾費特（Eberhardt Sarfert），以及行銷與銷售經理卡爾·蓋林根Karl Gerlinger的首背。在1980年秋天，R80 G/S降臨了摩托車世界。

直到今天，即使這輛BMW在外型上受到的肯定多過車輛本身，仍然受到許多挑戰性路況的長途摩托車騎士所推崇。

1980

SUZUKI 鈴木 GSX 1100 S KATANA刀

要給這輛摩托車一個中肯的評論並不容易，因為鈴木刀魅力獨特，讓人好惡分明，沒有灰色地帶。總公司在濱松的鈴木手中已經有了GSX1000這張王牌——大馬力的四缸賽車，沉穩又能展現真正的跑車性能，但在德國卻不受青睞，因為當地車迷追求的是個性強烈的摩托車，像是拉維達1000，或是摩托古奇的Le Mans。因此在1970年代末，鈴木收到明確的要求，必須要為這個有時與別不同和講究的市場，製造一輛有個性的摩托車。鈴木也正面回應——對這家日本摩托車巨擘來說並不尋常——把這項任務交付給了德國人漢斯·慕斯（Hans Muth）。還有誰比成功設計了數輛寶馬摩托車的人更適合呢？慕斯當然了解同胞的喜好，接下這個任務後，以GSX為靈感來源，迅速打造

出這個傑作，而其風格至今依然獲得讚賞。稜角分明，銳利的線條更突出了機械工藝。低矮、修長、沒有全整流罩，風格極簡，唯一的妥協是前方的小前整流罩，以利於騎士低趴在油箱上時能突破空氣，達到時速將近240公里的極速。鈴木刀於1980年在科隆車展問世，名字源自日本武士配戴的武士刀。

鈴木刀的線條獨特，對一些人來說太過前衛，因此難免遭受到一些誤解，不過，多虧了頂置雙凸輪軸四缸引擎，能在8750rpm爆發107匹馬力，再加上絕佳的操控，立刻就成為受歡迎的摩托車。鈴木刀既可以單純當作漂亮的裝飾停在酒吧前，又能由技術純熟的騎士在高速賽道狂飆，以火爆的加速遠遠拋開對手。

230 鈴木刀的線條特色在於：銳利的整流罩；側蓋造型極簡，甚至沒有完全遮蔽車架構成的三角；座椅則為雙色。

231 運動化的硬派避震、低把手、後移的腳踏，再加上活潑的四缸引擎，至今仍然能使人感動。

HONDA 本田 VFR750R RC30

這款摩托車由本田和HRC（於1954年成立的子公司Honda Racing Corporation）的專家所組成的研發團隊手工組裝，以最高品質的材料費盡心思打造，限量生產，足以取得世界超級摩托車錦標賽的參賽認證。由此可見，RC30幾乎稱得上是獨一無，儘管如此，在1987年底的銷量只能算穩定，顯然是因為價格高昂（高達2200萬里拉，是基本款VFR的一倍）。

它第一次的官方亮相在1977年倫敦車展。知悉內情的人和車迷當時都期待推出的是純種的運動車款，由廣受讚譽的VFR衍生出的摩托車，而不是這樣一輛大馬力賽車。在這樣的背景下，它獲得了多年來代表了本田賽車的名稱縮寫RC——RC代表「賽車公司」（Racing Corporation），30則是計畫編號。RC30是真正的賽車，也可以在街道行駛，但是卻不需要頻繁的保養或任何特殊維修，具備的特性像是易操控、可靠等，都有利於日常使用，而這些特性也使它更不平凡。

RC30的車架採用了用於耐力賽的RVF750衍生出的鋁製雙樑邊框式骨架。後搖臂為單側設計（Elf公司的專利，但被本田買下），避震系統就以後搖臂結合調整範圍廣泛的Showa單槍避震器。引擎也有精密的設計：90度V型四缸水冷引擎只有在表面上維持了基本款VFR引擎的特性，採用了不同材料，像是以鈦合金製作連桿，因此輕量許多，曲軸角度也有不同設定，從180度改為360度。

234-235　VFR有兩種改裝套件，由HRC和本田共同開發，圖中的摩托車車身為Rothmans版本塗裝。

此時摩托車引擎容積高達2公升，每公升能爆發將近200匹馬力，具備各項電子管理設備，設計愈來愈優雅且具未來感，還有短短幾年前無法想像的可靠，此外，也展現出對於過往的緬懷。

從90年代起，當道的不是速克達就是大型摩托車，兩者之間少有其他市場。對一般的騎士來說，挑選一臺平實、簡單又可靠的代步工具一點也不簡單。中小型排氣量的摩托車消失了。過去曾經在道路稱后的500cc，如今只能算是給新手的入門款。其實這些摩托車就它們的用途來說綽綽有餘，在各項法令規範限制下，高性能已經無用武之地，但對於自視為行家的絕大多數摩托車騎士來說，根本還不夠看。這個時代的關鍵字是「驚人」與「誇大」，每公升高達200匹馬力的跑車因此應運而生，過去也只有在GP賽車才能看到。還有引擎跟舒適都足以媲美豪華轎車的旅行車。越野車同樣朝這個方向進化，帶頭的是林道越野車，取代了過去的障礙攀爬越野車及場地越野車。1970年代開始，二行程引擎風行，但卻耗油，最糟糕的是會帶來污染。因此單汽缸越野車又回到四行程引擎，而且類別的區分愈來愈細。也就是從這類摩托車，特別是從林道越野車，衍生出滑胎車（supermoto）。滑胎車是配備大型前煞車碟與街道用胎的林道越野車，重量輕，非常靈活，在山路上所向無敵。

就連障礙攀爬越野車也改變了——只有在一個森林到另一個森林的短距離行程中才有用處的小座椅從此消失。障礙攀爬越野車是一個特殊車種，騎士必須站著，這種車就是這麼騎。如果你要坐，最好還是購買其他種類的車子。就在這不斷變化的環境中，速克達又回來了。速克達在20世紀初第一次面世（像英國ABC車廠的Skootamota，還

有Autoglider），接著在1950及1969年代，因為偉士牌及蘭美達而聲名大噪，風光一時。在全球性的熱潮下，所有製造商都被迫投入製造速克達，包括杜卡迪、艾爾馬基（Aermacchi）、Iso、Agrati、Maico、春達普（Zundapp）、Puch、凱旋、Sunbeam、Velocette、哈雷與Jawa，全動了起來，開始推出算得上漂亮的車——但除了比雅久偉士牌以外，沒有一個型號長壽。不過，速克達在1990年代再次風行，傾巢而出，各種排氣量都有。MBK於1990年製造的最暢銷車款Booster，至今依然成功，但換上了不同名稱（Yamaha BW'S）

；本田有CN 250；寶馬的C型車則具原創性；還有艾普利亞的Scarabeo，大輪胎讓人回想起摩托古奇的Galletto。就只有這些車款嗎？不僅如此。由於對速克達的性能及舒適性要求愈來愈高，山葉TMax 500、本田Silver Wing 600，以及鈴木Burgman 650誕生了，甚至還出現高性能的吉雷拉GP 800。

然而，1990年代以及下一個世紀最初十年所見證的還不止這些。為了要留在義大利，杜卡迪開始攀向頂峰：先是以車手雷蒙・勞希（Raymond Roche）贏得第一個超級摩托車錦標賽冠軍，並陸續在國際賽事中取得優勝。更多製造商在賽車界留

238 湯姆・克魯斯在吳宇森執導的電影《不可能的任務II》中騎著凱旋Speed Triple登場，其他演員包括安東尼・霍普金斯、譚蒂・紐頓、布蘭頓・葛利森，以及多米尼克・柏塞爾。

237 許多車聚中會出現這令人亢奮的一幕：瘋狂旋轉的後輪在柏油路上畫下黑色胎痕，也在空氣中留下刺鼻的燒胎味。

名，像是原本規模不大，來自維內托的艾普利亞，才短短幾年就打造了一個王國；還有卡吉瓦（Cagiva），總部與歷史悠久的工廠位於瓦雷塞，直到1970年代末也是Aermacchi、Aermacchi-Harley-Davidson，以及AMF Harley- Davidson的生產商。此外，拜企業家約翰‧布洛（John Bloor）之賜，凱旋再度復活，重回市場。至於寶馬，在K系列三缸與四缸直列水冷引擎的插曲後，又回歸到輝煌的水平對臥雙缸引擎。本田則推出橢圓形汽缸的四缸NR750。摩托古奇經歷一段鬱悶的低潮期後，重新贏得讚譽。接下來則是無罩街車爆發的時期。這時無論什麼

車款，是街車還是越野車，旅行車或跑車，都有一個共通點──有監控煞車、化油與動力輸出的電子系統。現在要改裝引擎已經不再像是從前那樣，打光進氣管內部、提高壓縮比，或更換凸輪軸，而是改裝程式或甚至換掉電腦，通常最後再裝上一支漂亮的碳纖維排氣管就算大功告成，是不是真的把所有性能都壓榨出來也並不重要了。不過在新時代，我們同時也看到回歸基本的渴望，看到那些不那麼複雜、較輕巧、傳統且經典的車子。凱旋最能詮釋這股新風潮，除了創造出經典的Bonneville，還就此衍生出Scrambler與Thruxton。不過掌握到市場新需求的，不

單只有英國公司。杜卡迪打造了經典系列車款，包括GT、Sport以及Paul Smart。本田起初推出CB1300，後來則有沒這麼強調高性能的CB1100。川崎先有W650，接著是W800。摩托古奇推出改良的V7，諾頓也更新了游擊隊（Commando）。所有的這些車款都與當前追求高科技飛彈快車的潮流背道而馳。老調重彈？或許吧，但在新時代，對於「復古」的渴望不容忽視。從那些結合經典線條與完善現代化高科技的摩托車銷售數字來看，就得到了證明。

239 亞歷士‧普羅亞斯執導的《機械公敵》中的一幕，主演的除了有威爾‧史密斯和布麗姬‧穆娜，還有帥氣十足的奧古斯塔F4 SPR。

BMW 寶馬
R 1100RS

1992

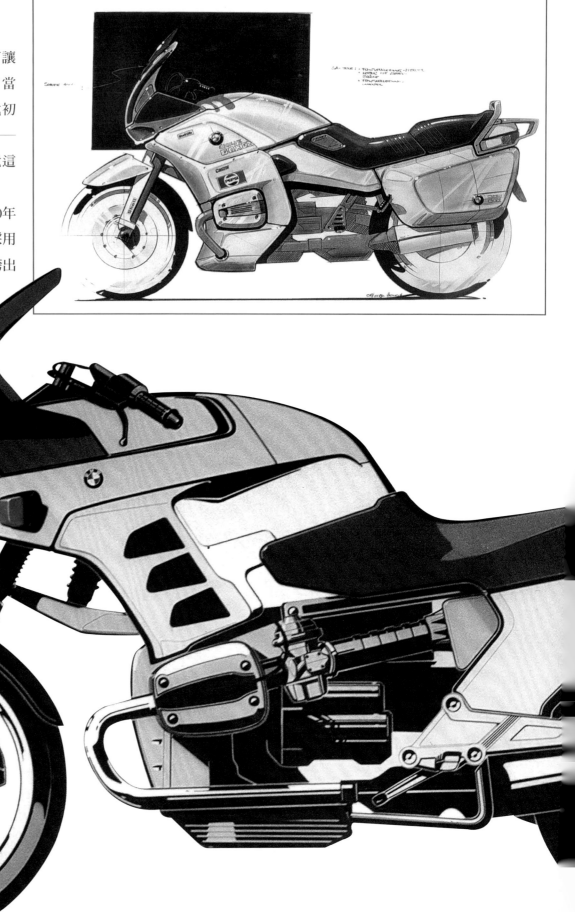

這款摩托車純粹只是再次改良了讓寶馬成名的水平對臥引擎嗎？當然不是。這家德國製造商在1990年代初推出的雙缸車，沒有什麼是舊有的——除了兩個汽缸的對向放置方式，畢竟這樣才是水平對臥引擎。

因此這並非走回頭路，也不像1980年代的K系列那樣是因為改變主意，才採用三缸與四缸水冷引擎，而絕對是向前跨出

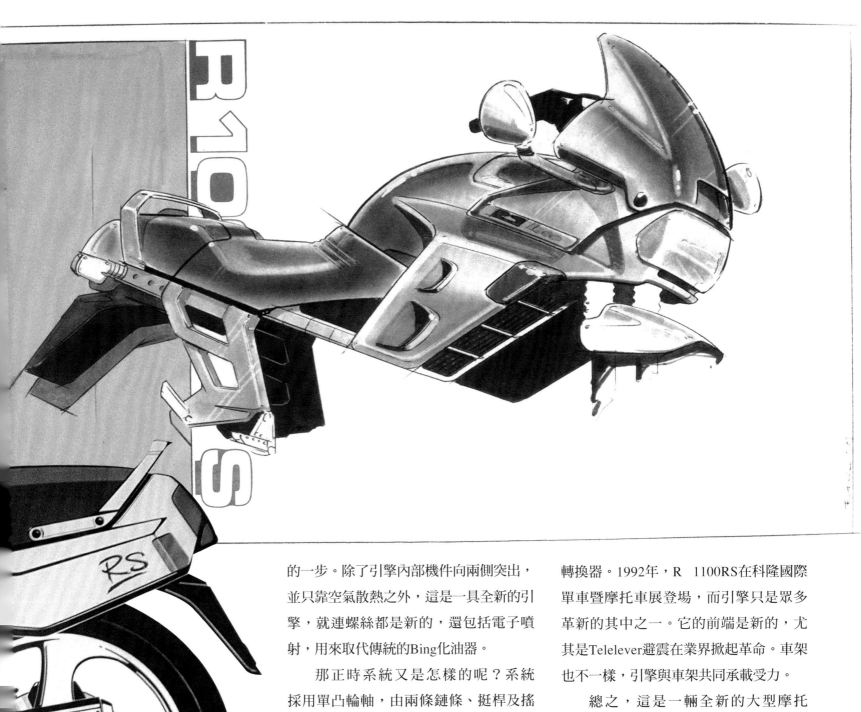

的一步。除了引擎內部機件向兩側突出，並只靠空氣散熱之外，這是一具全新的引擎，就連螺絲都是新的，還包括電子噴射，用來取代傳統的Bing化油器。

那正時系統又是怎樣的呢？系統採用單凸輪軸，由兩條鏈條、挺桿及搖臂控制，每汽缸有四氣門，兩側共八氣門。除了少數手工打造的改裝引擎，從來沒有水平對臥雙缸引擎有這麼多氣門。這些設計都能帶來更大的馬力、扭力與更經濟的油耗，同時也減少排放有毒廢氣——部分歸功於作為選配的觸媒

轉換器。1992年，R 1100RS在科隆國際單車暨摩托車展登場，而引擎只是眾多革新的其中之一。它的前端是新的，尤其是Telelever避震在業界掀起革命。車架也不一樣，引擎與車架共同承載受力。

總之，這是一輛全新的大型摩托車，有許多旨在改善舒適與安全的組件，像是ABS、觸媒轉換器和加熱手把，以及可調風擋、手把及座椅，同時也保留了許多讓寶馬揚名立萬的基本元素與特色。

242-243 1986年寶馬R 1100RS的三張草圖，典型德國風格。它以工程技術結合風洞作為空氣動力設計。

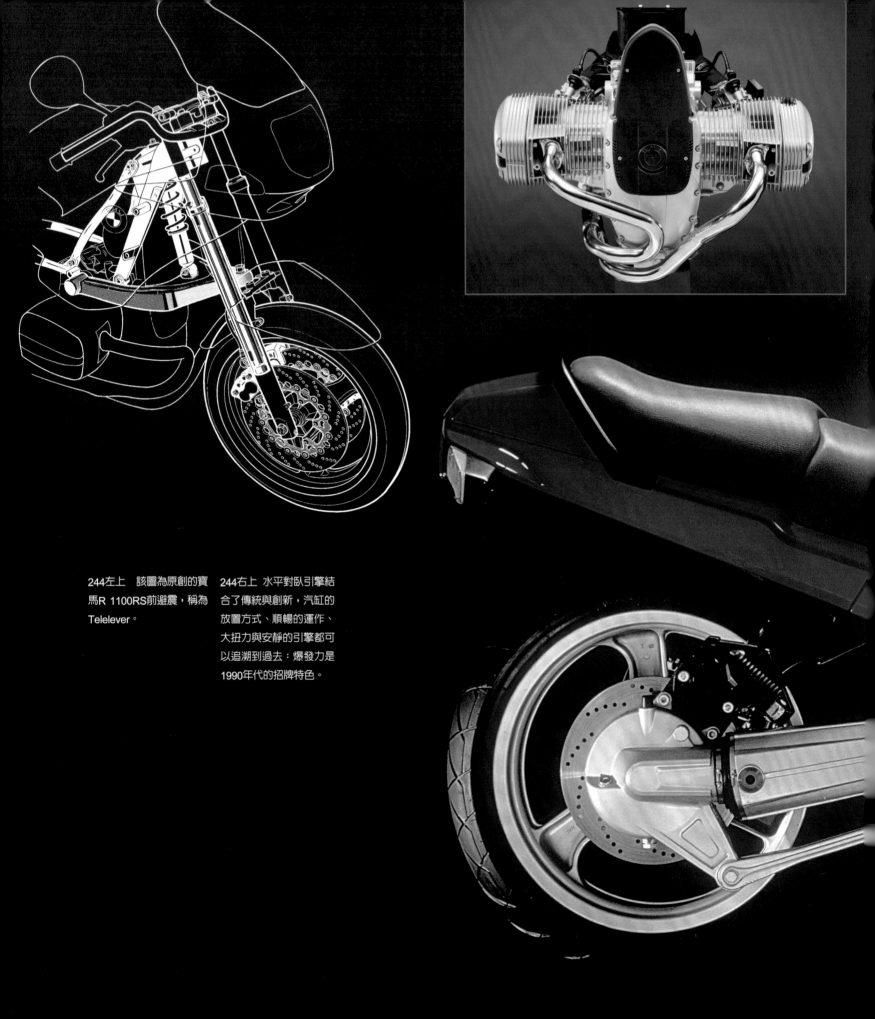

244左上　該圖為原創的寶
馬R 1100RS前避震，稱為
Telelever。

244右上　水平對臥引擎結
合了傳統與創新，汽缸的
放置方式、順暢的運作、
大扭力與安靜的引擎都可
以追溯到過去：爆發力是
1990年代的招牌特色。

244-245　如同以往，寶馬
的新車R　1100RS也採用
優質的材料與設計。這是
一輛出色的摩托車，有絕
佳的細部作工。

DUCATI 杜卡迪 M900 MONSTER 怪獸

1993

248-249 怪獸具有強烈個性，也常獲得新手和女性青睞。大馬力車款如S4R則適合技術精湛的騎士。

怪獸不但是成功摩托車，蔚為風潮，還締造了歷史。面世以來已經超過20年，新一代產品至今持續在市場上銷售，同時是最受歡迎、也最搶手的杜卡迪。杜卡迪當年的廣告標語「杜卡迪力量」（Ducati Power），至今仍然響亮。經過多年，杜卡迪已經不可同日而語，更加進化，但是基本理念依然不變：

無罩、極簡、沒有整流罩遮掩的機械美感。最受人矚目的是法比歐·塔伊歐尼（Fabio Taglioni）設計、綽號「大幫浦」的L型雙缸引擎。另一項經典是它的鋼管編織車架。如果理應要突顯摩托車的基本造型，驕傲地向全世界秀出它的構造與機械，又何必遮遮掩掩呢？米蓋爾·加盧奇（Miguel Galluzzi）就是懷抱這個想法，在1992年展開設計。杜卡迪身為運動型摩托車製造商的地位和聲譽至今屹立不搖，永不妥協的精神也是如此。騎士如果要找日常使用的摩托車，不必穿上全身皮衣，也不用因為太過運動化的騎姿而冒扭傷手腕的風險，那應該選別的摩托車。這家波隆那製造商的最後一輛旅行車是1979年代的750GT。

加盧奇從工廠內現有的東西著手，先由引擎開始——70年代早期、採用連控軌道氣門的90度L型雙缸引擎。後來為了500SL Pantah上市，以較安靜、成本較低、更簡單與實用的齒型皮帶，替代傘狀齒輪驅動曲軸的系統。

才華洋溢的設計師選擇安裝在900SS的904cc引擎，採用氣冷搭配油冷，加上六速變速箱，能平順地產生70匹馬力。車架則以851/888為基礎。這些都是一流的組件，直接取自杜卡迪賽車。唯一欠缺的就是一件外衣，但不需要遮蔽什麼，反而應該什麼都不遮掩，並且必須別出心裁。另外還需要一個好看的油箱，和坐椅搭配，而坐椅必須大到真的能夠載客，但不必考慮長途使用。側蓋很簡單，以免蓋住車架構成的三角部位。兩支排氣管向下延伸，採用碟煞、倒立式前叉，再加上後側單避震器就大功告成了。

令人驚豔的獨特車款——M900（最初的名字）就此誕生，既不是激進的運動型摩托車，也不是旅行車。雖然能載乘客，但絕對不舒適。速度極快，不過要完整享受純粹、靈活的騎乘樂趣，最好還是一人乘騎。這件相當大膽的作品在科隆車展推出，令人驚異之處在於沒有任何多餘累贅，沒有小型的前風擋，什麼都沒有。這是讓人期盼許久的純粹風格，完全無罩、完全沒有多餘裝飾的摩托車。

900之後，比較溫和的600cc車款接著登場，也有專為新手降低輸出的引擎。再來推出的是750，還有2000年的S4，916cc水冷引擎，每汽缸四氣門；以及S4RS Testastretta，採用的其實是999的雙缸引擎。就算引擎、電力與排氣系統有所調整，但同樣吸引人，這就是怪獸的美妙之處。如果你不想造成太大的體力或財務負擔，可以騎舊車款，但也可以騎大馬力或比較新近的S4RS或696，這些同樣都是無罩街車的極致優選。此外怪獸也是業界最常被模仿的車系之一，至今銷售超過20萬輛（2017年推出797）。

BUELL 貝爾 S1 LIGHTNING 閃電

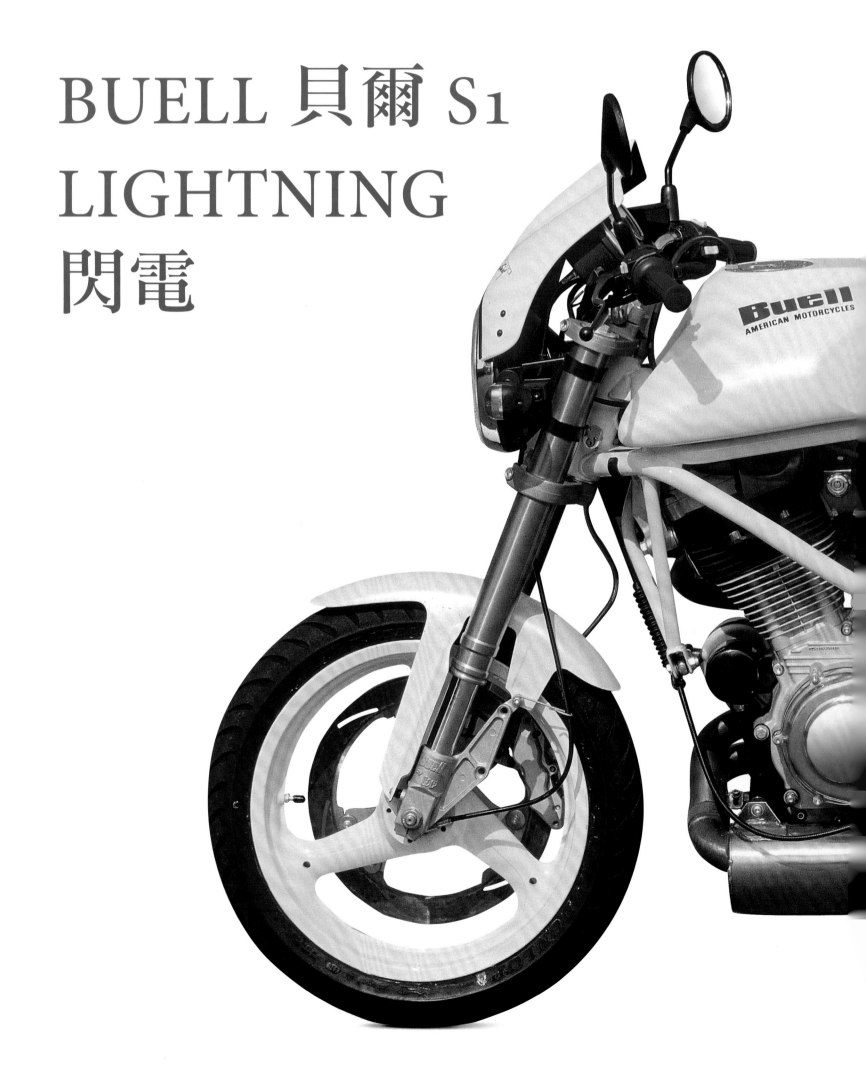

非常短小精悍，而且順應潮流，不加整流罩，排氣管聲浪極為獨特，貝爾S1閃電在摩托車世界是個異類。這是一輛獨特的車款，必須了解它才懂得欣賞。一旦跨坐上車，發動強大的雙缸引擎，就能享受把彎路拉直的快感，當彎路接二連三展開，樂趣也隨之高升，又或是在城市內漫遊，聆聽摩托車後方的低鳴。這輛車並不擅長高速行駛，因為軸距短，穩定性較差。這臺短小的摩托出自美國的艾力克·貝爾（Erik Buell）之手。貝爾在哈雷有多年經驗，並且決定創立公司貝（Buell）——現在哈雷的賽車部門。

S1閃電的心臟是來自表兄弟哈雷Sportster的45度V型1200cc雙缸引擎，並經過重新調整與改良。起初S1閃電具備大扭力，但馬力不足。在調整活塞、供油、汽缸頭與曲軸後，馬力增加至80匹。為了降低震動，引擎以貝爾自己設計的Uniplanar系統直接固定到車架。鉬鉻合金鋼管包圍引擎，並支撐住非常簡潔的油箱。座椅設計簡約，可以坐一個乘客。法規要求車尾能安裝燈具與牌照，不然座椅後方原本空無一物。後避震器與大排氣管則位於引擎下方。這是一臺基本的無罩摩托車，只要懂得如何駕馭，保證樂趣無窮，不過你首先必須愛上它。

252-253　經過專家調校，裝在這臺貝爾摩托車上的V型引擎比哈雷Sportster 1200那具多出將近23匹馬力。

1998

DUCATI 杜卡迪 MH 900E

1978年，偉大的「麥克機車」麥克·海伍德（Mike Hailwood）睽違數年後重回賽道，參加了曼島TT大賽並贏得桂冠。致勝關鍵當然是精湛的技術，但是他的座騎也功不可沒。當時他騎乘NCR（Nepoti e Caracchi Racing）車隊的杜卡迪賽車。總部位於帕尼加列鎮的杜卡迪，次年就以MHR 900（Mike Hailwood Replica，麥克·海伍德復刻版）來歡慶這項了不起的成就。20年後，杜卡迪設計中心經理皮耶·特布蘭切（Pierre Terblanche）為車迷帶來現代版的海伍德賽車。復古與現代元素完美結合，讓L型雙缸車的愛好者驚艷不已。慕尼黑車展上展示的，原本僅是用來表現設計的概念車，但卻引發車迷的熱烈迴響和強烈需求，因此杜卡迪少量生產了2000輛。

它的一些設計太過激進，像是用攝影機取代後照鏡，或是將方向燈整合在排氣管上，這些後來都恢復到較傳統、較低成本，最重要是——符合法規才能上路的設計。前端以整流罩結合圓形頭燈為特色，後端漂亮的鋼管單搖臂為主要元素。引擎沒有創新之處，依然是之前成功且聞名的90度雙缸連控軌道氣門引擎，容積904cc，採頂置式曲軸，每汽缸二氣門，以及電子噴射供油。

當時正要進入下一個世紀，它的行銷完全透過網際網路進行。

256 後端的特徵是中央的小尾燈，還有以兩支大型排氣管支撐起放牌照的小骨架及方向燈。

257 最早的MH 900E原型車沒有後視鏡，並以攝影機取代，還有特殊金屬製成的單一煞車碟，但這些特點在實際生產的版本上都沒有出現。

258-259 這輛杜卡迪完全
透過網際網路銷售，線條
洗練，小型整流罩露出絕
佳的氣冷引擎以及鋼管編
織車架。

SUZUKI 鈴木 GSX 1300R HAYABUSA 隼

1999

如飛彈、似閃電，也像一顆擊發的子彈。GSX 1300R在1999年3月上市時，許多騎士都對這輛摩托車的高性能印象深刻，而且理當如此。

大馬力16氣門四缸引擎，排氣量將近1300cc，這輛來自鈴木的極致重量級摩托車突破了傳奇的300公里時速大關，從靜止到400公尺衝刺不到10秒。當時的售價「只要」11,878歐元，比它的直接競爭對手本田CBR1100XX還稍微便宜一點。「隼」這個名稱來自日本二次大戰時聞名的一式戰鬥機別名，它與本田不同，也跟所有其他大型摩托車有所區隔。

這不是一般透過改裝使動力暴增的大型摩托車，也不以追求刺激的年輕人為目標客群。當四缸引擎達到最大輸出，前輪不容易離地，大馬力很難徹底用盡。

來自濱松的猛禽也是一輛成熟的摩托車，上路時信心十足，就算騎在車流中也是如此，而性能也讓人不可置信，如同真正的GP賽車。穩定性讓人激賞，高速下也毫不動搖，雖然名稱來自著名的戰鬥機，但前輪卻好比黏在地面一般。將油門完全扭開可要有足夠勇氣。隼的前輪不容易拉起來，不會輕易失控，而是以受控的暴力加速。一旦全部六個檔位都用上，時速可以超越300公里。

262-263 儘管外表強悍，如果不把它推向極限，隼就是一輛溫馴易操控的摩托車。騎士要把它的性能發揮出來，必須有精湛的技術。整流罩並沒有特別大，高速時騎士必須低趴在油箱上，才不會被氣流扯下來。

HONDA GOLD WING
本田金翼 1800

2001

這輛摩托車的數據就說明了一切。水平對臥六缸引擎，1800cc的汽缸容積，只要5500rpm的轉速就能發出120匹馬力。如果這些事實還不能讓你清楚認識這輛摩托車，那麼還可以告訴你一些資訊：2.63公尺長，軸距將近1.7公尺，淨重363公斤。如果習慣旅行帶許多行李也不成問題，因為它配備兩個側行李箱，容量各40公升，還有固定的後行李箱，容量有61公升。種種因素結合下，這輛摩托車好比路上的豪華遊輪。從1970年代最初的四缸版本開始，這輛日本旅行車有了長足進步。從前沒有整流罩，現在則具備完整的整流罩，能妥善安置與保護騎士與乘客。引擎容積也增加了，達到1100cc，後來成長到1200cc，1980年代末再進化到備受期待的1500cc六缸引擎。在邁向新世紀的道路上，本田決定進一步擴大這具水平對臥引擎的容積至1832cc。不但力量跟扭力都提高了，前進也更順暢，只要稍微加速就能毫不費力向前，伴隨六缸引擎所發出的低調聲浪，以摩托車來說相當獨特。一流的整合煞車系統，整合三個煞車碟與三對卡鉗，搭配防下潛式避震，與堅固的鋁合金雙臂式車架結合在一起。

無微不至的舒適性，標準與選用配備一應俱全，從收音機、CD音響、到對講機和定速巡航系統，一項不少。這一切所需的代價也就不難想像，售價從26,000歐元起跳。

266 龐然大物本田金翼1800氣勢非凡的正面。

266-267 與先前的版本相比，金翼1800車身線條比較協調，更修長而沒那麼方正。推出時有三個顏色可供選擇：褐紅、銀與藍色。

268-269 儘管體型碩大，這輛本田大型旅行車很容易駕馭。它的重量集中在下方，一旦動起來就幾乎感覺不到。

269 金翼的控制面板相當驚人，就算以頂級車款來說，儀表板似乎還是太過複雜。

HARLEY-DAVIDSON
哈雷 V-ROD

2001

歷史悠久的各大摩托車製造商中，哈雷是最堅守傳統的其中一家，向來忠於大型V型雙缸引擎，至今仍然運用在氣派的哈雷摩托車，所以在推出真正革命性的V-Rod時，確實讓死忠車迷大吃一驚。VRSC（V代表雙缸、R代表賽車、S是街道，C是Custom，即訂製的意思）徹頭徹尾是一輛全新的摩托車，引擎更是與保時捷同時合作開發。唯一保留傳統的是採用了V型雙缸，以及高達1130cc的大容積。如果要把這三個元素也拿掉，對於這

家以傳統著稱的公司可就大膽過頭了。這輛車其他部分完全不同以往，包括汽缸：不再是過去經典的前傾45度，而是改為60度。但以改變的幅度來說，這還不算太大。正時系統為頂置式雙曲軸，由鏈條控制，每缸四氣門。供油為電子噴射，引擎冷卻系統就哈雷來說相當不可思議，因為不再是氣冷而改為水冷。大小管線、散熱器及幫浦都巧妙隱藏起來。革新經典固然很好，但就必須要花費更多時間與心思！最終的成果是，引擎看似保留了讓這家密爾瓦基製造商成

名的經典特色，但只有在表面上。因為當其他雙缸引擎已經達到最大馬力的轉速時，這具新引擎甚至還沒有進入最大扭力轉速，也就是在7000rpm輸出10.22kgm。不過以哈雷來說，它的馬力驚人：115匹馬力在8500rpm爆發，換算每公升輸出101.78匹馬力。誰說這家公司生產的摩托車只適合在美國漫漫公路上悠閒騎乘？如先前所說，這是保時捷的功勞。事實上，保時捷和哈雷已經成功合作超過30年。

V-Rod有一顆新的短衝程心臟，哈

雷稱作Superquadro，此外，前叉與車架也完全重新設計。不過最忠心耿耿的傳統粉絲應該會鬆一口氣，慶幸它只是整個系列中一輛激進的新車款，而非代表這個美國製造商就此邁入全新的時代。回到車架，V-Rod有可拆卸雙搖籃鋼管車架，如果有需要，可方便移除引擎。鋼管相當厚實，達到足夠的剛性，過程中利用不可思議的高水壓，以液壓成型製造。這個製造程序能將鋼管以大角度彎曲卻不傷到管身。後搖臂非常長，技術人員選用了較輕的鋁合金，兩個避震器可以調整預載。前方使用傳統的前叉，傾斜角度足足有38度。

V-Rod的計畫早在1995年就展開，一開始就先分析過車迷對哈雷的雙缸有什麼要求與期待。雖然引擎的設計由許多的美國與德國工程師監督，負責這個計畫成敗的則是哈雷創辦人之一的姪子威利・G.・大衛森。

272-273 V-Rod無論在機械或美感上，都是哈雷真正大破大立之作，是一輛適合在紅綠燈起跑衝刺的摩托車。

TRIUMPH ROCKET
凱旋 火箭 III

2004

即便名稱與1969年代末生產的凱旋750cc摩托車相同，這個火箭卻是全新設計的摩托車，除了三缸與750cc，和前一代車款沒有任何其他任何的共同點。30年前那輛運動型的摩托車總排氣量是750cc，但這輛巡航車卻是一缸就有750cc，因此總排氣量足足有三倍之多，達到2294cc。

凱旋火箭III由約翰‧莫克特（John Mockett）設計，無疑足以名列世界最偉大的摩托車之列。決定採用這麼大的一具引擎，不純粹是技術方面的理由，更主要的因素是熱情：對跨上這麼一輛非凡摩托車的熱切渴望與執迷。

276 凱旋火箭III前方的特色是兩個小圓燈。

277上圖 威力強大的火箭III最初的一批草圖，這輛摩托車的外型出自約翰‧莫克特之手。

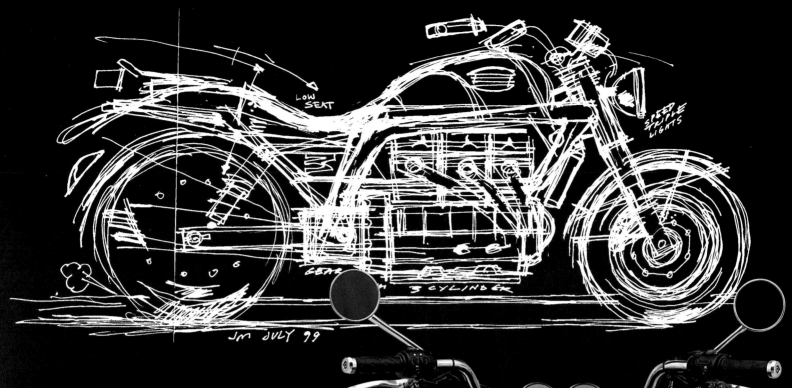

這就決定了英國工程師所採取的方向。它看上去氣勢十足，實際騎乘卻非常輕鬆，幾乎算得上溫馴，尤其是在寬闊的大直路上。引擎與車架同樣是這臺摩托車成功的要素。令人印象深刻的是僅僅2500rpm就有20.39kgm大扭力，而且從2000到5000rpm都有穩定輸出，最大馬力為140匹，且車架的平衡良好、大小適當。不少人認為這個馬力能夠輕鬆駕馭，要了解這具雙頂置曲軸三缸引擎有多靈活，自然不得不提它能在1500rpm初頭以五檔前進，隨時油門一催，就能邁向時速220公里。唯一的缺點是重量有320公斤，不利在窄小的空間操控與移動。

277 最下圖 後方的視覺焦點在巨大的240/50-16後胎。

278上 凱旋為新火箭採用
軸傳動，置於車輛左側，
同側只有一支排氣管。

278下 上市後開發出許多
配件，用來改裝這輛摩托
車，從原住民部落車身彩
繪組到旅行雙人座椅及霧
燈都有。

279 開發大型巡航摩托車
的想法在1990年代末成
型。它維持了原本的三缸
配置，唯一改變的是引擎
容積——一路持續增長，
達到最終的2300cc。

MV AGUSTA 奧古斯塔
F4 R312

2007

　　一輛終極重機真的有辦法進一步加以改良嗎？是的，MV就辦到了。已經讓人驚呼的速度機器　F4　1000　R由馬希姆・湯布利尼（Massimo Tamburini）設計，經過出色的調校後，創造出更令人興奮的F4 R213，時速高達驚異的312公里。由克勞迪奧・賈斯迪優尼（Claudio Castiglioni）打造的都是夢幻摩托車與收藏品，因為這些摩托車的背後有悠久的歷史，以及技術上的特色，再加上在細節和組裝上精湛無比的技藝。這家瓦雷塞的製造商擁有多達75個世界冠軍頭銜。不過，先讓我們再回到完美的結晶——F4 R312上。它的引擎歷經將近10年的努力發展與改良，知名的四行程標誌著奧古斯塔重回摩托車界，頂置式雙曲軸，每汽缸四氣門，以濕式曲軸箱潤滑，水冷，可拆卸的六速變速箱。採用較短的進氣導管、加大的油門蝴蝶閥、較大且更輕的鈦合金氣門結合新曲軸，透過精密的Magneti Marelli 5SM電子控制單元控制——同時也管理EBS引擎煞車系統。技術人員設法多榨出9匹馬力與增加500rpm的引擎轉速，在12,400rpm產生合計183匹的馬力，以1000cc引擎來說表現不錯。格狀鋼管車架，加上直接取自超級摩托車的煞車，完整呈現出一輛高階的車款。最後，如果要問它有沒有兌現當初的承諾，達成每小時312公里極速，答案是肯定的。經過《摩托車騎乘》（Motociclismo）雜誌實際在納多（Nardo）高速環狀賽道測試，達到時速311公里。

282-283 MV F4 R312驚人的性能除了來自強大的四缸引擎外，一部分也是因為車頭的前端比較小，所以有更好的空氣力學。

283 顏色的選擇只有兩種：珍珠白配黑色，以及灰配紅。F4採用鉻鉬合金鋼管編織車架，單側後搖臂則以鋁合金製成。

2007

DUCATI 杜卡迪
DESMOSEDICI 2007 RR

這輛摩托車背後有許多大名，如羅利士·卡比羅西（Loris Capirossi）、塞特·吉伯諾（Sete Gibernau）、維托里亞諾·瓜雷斯基（Vittoriano Guareschi），以及艾倫·簡金斯（Alan Jenkins），但最重要的是，這家艾米利亞的小公司絕對有資格和全球摩托車巨擘相提並論。有一群人對摩托車有共同的熱情，這股熱情來自義大利國民性格，而同一塊土地上還有另一個也讓全世界著迷的「紅」車——法拉利。

杜卡迪Desmosedici RR直接承襲GP6。2006年，GP6在MotoGP世界摩托車錦標賽出賽，由卡比羅西與吉伯諾騎乘。這輛摩托車能夠順利誕生，得要感謝杜卡迪賽車隊Ducati Corse的測試車手——維托里亞諾·瓜雷斯基。外型和線條則出自艾倫·簡金斯之手，成為了高檔Desmosedici RR的招牌特色。Desmosedici RR是杜卡迪MotoGP賽車的忠實翻版，因為後者也是由簡金斯設計，無疑是一件藝術品，車架結合鋼管和鋼板，中空的鋁合金後搖臂直接以引擎本體為支點固定。水冷四缸引擎以L型配置，採用連控軌道氣門，齒輪驅動的頂置式雙曲軸，以及可拆卸的六速變速箱。

鎂合金與鈦金屬的廣泛使用降低了重量，也增加了許多零件的強度，就像許多最細緻的廠隊賽車一樣，是以砂模鑄造的。這輛摩托車有六個重要的數字：1000cc、171公斤、200匹馬力在13,800 rpm產生、11.8kgm扭力在10,500rpm產生，以及（唯一讓人興奮不起來的數字）60,000歐元——至今對很多人來說仍然是個夢想。

286-287 這輛摩托車有兩個配色：GP紅與紅白雙色，採用Marchesini的七肋式鎂合金輪圈。

BIMOTA
比摩塔
DB7

DB7線條優雅、獨特卻不繁複。遮蓋杜卡迪雙缸引擎的紅白配色整流罩完全以碳纖維打造，只有油箱以塑膠製成。製造商宣稱DB7在10,000rpm能產生160匹馬力，重172公斤，因此能輕鬆達成時速270公里的極速。

優雅、稀有且獨特，帶著一股魅力的純正義式車。比摩塔不以數量取勝，專注在打造限量精品，而DB7肯定就是這麼一輛摩托車。經過幾年黯淡的歲月後，這家里米尼的製造商終於振作起來，重新打造自己的名聲。比摩塔創立於1970年代，為迅速發展的日本摩托車引擎打造優異的車架，但是當日本開始推出更加優異，也更能搭配日本摩托車性能的車架後，公司便大受打擊。一群企業家，尤其是羅貝托·科米蒂（Roberto Comiti），在新世紀展開時再次幫助比摩塔重振旗鼓，並重新開始製造真正屬於收藏品的摩托車，無論在賽道與街道都有令人驚異的表現。為了重新出發，這家里米尼製造商選用來自帕尼加列鎮工廠製造的杜卡迪引擎，最新大作就是DB7（Ducati Bimota 7），以著名且備受讚譽的1,099cc雙缸引擎為動力，有八個連控軌道氣門，稱作Testastretta（窄汽缸頭），杜卡迪1098也採用相同的引擎。

排氣跟供油經過改良，引擎半身也承重，與精美的鉻鉬合金鋼管和鋁板製的車架結合在一起。後搖臂結合單一避震器，材料與車架相同。整流罩與座椅支架及許多其他零件都有碳纖維製作。前叉、避震器與煞車都是國際市場上最精良的。對於細節的完美投入無比專注，僅使用高品質材料。所有一切都如限量精品，透露打造他的人所投入的熱情，這些人包括羅貝托·科米蒂、安德列亞·阿夸維瓦（Andrea Acquaviva）、恩里克·博蓋森（Enrico Borghesan）、皮耶羅·卡納利（Piero Canali），以及丹·艾普思（Dan Epps）。

290 DB7線條優雅、獨特卻不繁複。遮蓋杜卡迪雙缸引擎的紅白配色整流罩完全以碳纖維打造，只有油箱以塑膠製成。製造商宣稱DB7在10,000rpm能產生160匹馬力，重172公斤，因此能輕鬆達成時速270公里的極速。

291 原創的車架採用鋁合金鋼管，結合整塊鋁合金加工而成的鋁板製成。

APRILIA 艾普利亞 RSV4

2009

294 摩托車的正面突顯了它的苗條身形。進氣口上方的三盞頭燈,以及結合飛翼型後視鏡的方向燈既迷人又獨特。

295 要不是因為後輪特別寬大,RSV4可能會被誤認為125cc小摩托車。車尾稜角分明,如同許多賽車,只有一個位子。

這款1000cc的摩托車個頭不大、線條流暢。仔細觀察，你會驚訝RSV4車身有多窄，整體尺寸與其說是1000cc，更像一輛250cc摩托車。而其實也只能夠如此。RSV4由諾阿萊這家製造商的賽車部門負責設計和開發。目的有兩個，一方面要宣示該品牌重回世界超級摩托車錦標賽，另外一方面則是為粉絲帶來一輛性能極致的摩托車，即使與市面上其他更知名的競爭對手較勁也毫不遜色。

設計上的選擇更加強了最初的目的：推出幾乎如同手工打造般的獨特摩托車，要在摩托車界，無論是在街道或賽道上，留下永恆的標記。RSV4採用縱置四行程65度V型四缸引擎，頂置式雙曲軸，每缸有四氣門，搭配三種模式的電子控制油門系統，能在12,500rpm爆發180匹馬力。供油系統結合可變長度進氣導管、四個Dallorto蝴蝶閥及八個Marelli噴油嘴，加上三種模式的RBW電控油門技術。換言之，它的馬力強大，透過電子裝置就可簡單進行聰明的管理。這輛艾普利亞的新跑車，以方便更換的卡式變速箱與滑動式離合器搭配新引擎。雙臂式鋁合金車架，結合鑄造件與沖壓金屬板，允許大幅度調整，包括前叉傾角、引擎高度，以及後搖臂軸心高度。這些調整功能對於在一般道路交通中騎乘的人來說，或許遠超過需求，但是周末騎上賽道的假日賽車手一定非常欣賞。

2010

NORTON COMMANDO
諾頓 突擊隊 961 SE

傳奇般的摩托車再度現身。突擊隊961的上市，重新點燃許多鍾情英國摩托車的車迷心中那股熱情。因為諾頓的性能，以及透過贏得無數比賽所奠定的傳奇地位，使它向來被視為獨樹一幟、專屬菁英的摩托車。前一輛讓人血脈沸騰的諾頓是1960年代末打造的突擊隊750。之後日本摩托車橫掃全球，加上諾頓本身陷入困境，為錯誤的決定所苦，迫使這家英國公司歇業。曾經名噪一時，風靡全球摩托車壇的英國雙缸摩托車就樣不光彩地謝幕了。諾頓幾經

轉手，每隔一段時間就有人想辦法重新掛起它的招牌，但都未能盡全功。狀況持續膠著，一直到2008年底，斯圖亞特·賈納（Stuart Garner）買下了這個品牌的所有權。新車款的消息傳出後沒多久，原型車的照片也曝光，之後突擊隊961正式推出─以現代方式重新詮釋備受喜愛的英國雙缸車。經典設計結合尖端科技，讓摩托車迷眼角泛淚。這樣一個

品牌的重生，人們給予相當高的期待。

經典古董車的外型，沒有多餘的飾板累贅，無論油箱、座椅、側板或車尾都充滿40年前的經典風格。傳統的水冷式頂置氣門並列雙缸引擎，就像1960年代的摩托車那樣，兩側各拉出一支排氣管。80匹馬力於6500rpm產生，車架是老派的雙搖籃式車架，但這次搭配了最先進的避震與煞車，就連大馬力摩托車都相形失色。

298-299 Ohlins倒立前叉、碟煞及輕鋁合金輪框，與新的諾頓突擊隊961SE的傳統線條完美結合。

BMW 寶馬 K 1600 GTL

2011

只有極少數摩托車製造商願意投入賭注生產六缸引擎。重量因素，還有龐大的體積都是設計上不易克服的限制。MV奧古斯塔在1959年代末首開先例，作出合理的嘗試，製造了一款500cc賽車。他們後來放棄了這個想法，因為成果並不令人滿意。之後其他製造商再度嘗試，但目標都瞄準在豪華舒適度、寬廣的輸出，以及性能。這些成果比較讓人振奮。1970年代出現了貝尼里（Benelli）750 Sei、本田CBX 1000 6C、川崎Z1300，以及之後採用水平對臥引擎的本田金翼1500——也是其中唯一非直列六缸的車款。寶馬加入了這個金字塔頂端的少數族群，竭盡所能精心打造出一輛旅行車，或許甚至是更棒的GT豪華旅行車。功能性的外型既銳利，又富現代感，特色在它的氙氣頭燈、電動調整風擋與避震、定速巡航控制、音響、胎壓偵測、循跡控制系統，以及中控鎖，而這些還只是配備中的一部分。真正的主角是1649cc的引擎：水冷直列六缸，每汽缸四氣門，於7750rpm帶來將近160匹馬力，最大扭力175Nm僅5250rpm就能產生。由於在1500rpm就能供應110Nm的扭力，不難想像從低轉速加速到極速的過程中，一路伴隨著六缸引擎特有聲浪有多麼棒。而這一切的一切還包圍在豪華舒適中。

302-303 美妙的直列六缸引擎，出力範圍廣泛又有強健的肌肉，半藏身在三件式整流罩下。

2012

MOTO GUZZI 摩托古奇
CALIFORNIA 1400
TOURING 加州旅行車

碩大的摩托古奇V7在1970年代初期進入美國市場，和名聲更響亮、價格更高的哈雷同臺較勁。儘管許多人並不看好它，但這款有牛角般的大把手、巨大的坐椅、腳踏板，以及寬大風擋的摩托車卻獲得許多警察單位的青睞，特別是聞名的加州高速公路巡邏隊。專門為美國設計的V7版本在歐洲也流行起來，公司高層決定把它命名為「加州」。

時至今日，這輛最具美式風格的義大利摩托車已有長足的進步。多年來，這輛來自曼德洛的V型雙缸車款，無論在外觀和機械組件都歷經了蛻變，但依舊無損原本的改裝摩托車風格以及強烈個性，保有經典不敗的造型，引擎則從原本750到850cc，再增長至1000cc與1100cc。

以成功的車款為基礎，持續小幅度改良並不是長久之道，最後摩托古奇決定重新打造後繼車款。最初的規畫從2007年展開，五年之後終於看到成果——加州1400旅行車上市。

雖然引擎維持1970年代傳統的90度V型雙缸，但這輛全新的摩托古奇配備的是一具1380cc的引擎，能在6500rpm發揮將近96匹馬力，並在2750rpm產生12.34kgm扭力。其他機械上的革新包括六速變速箱搭配軸傳動。對體積與重量同樣龐大的摩托車來說，這些都是必要的關鍵設計。一旦上路，這輛車的操控和機動性依然無可挑剔。其他部分呢？奢華、優雅、柔順與尊貴都是描述它的形容詞。它有一流的舒適性，還有來自豐富傳承的獨特個性。

306-307 威風凜凜但也展現出優雅，非常現代卻無損傳統。這輛摩托古奇的引擎已經擴大到1400CC。

HONDA 本田

CB 1100

2013

這輛車屬於本田的經典復古款，比起性能，外觀是更優先的考量。在新的世紀展開之際，趁著復古風潮方興未艾，這家日本的摩托車巨擘也想在市場上分一杯羹。幾年前，本田推出了令人印象深刻的CB1300，現在則是CB1100，這款車可以追溯到引爆全球風潮的那臺四缸摩托車：CB 750 Four。

新的CB1100在外觀上承襲了備受喜愛的傳統車款，因此不會有整流罩遮蔽直列四缸引擎或氣冷和油冷系統。如果你覺得這具引擎看起來像是來自1970年代，那是因為它巧妙地隱藏了所運用的現代科技。

每個汽缸有四氣門，具電子噴射供油以及反向平衡軸，動力輸出在7500rpm

310　新推出的CB 1100融合了現代科技和傳統線條，有傳統的避震器與鋼管車架。

達到將近90匹馬力，就這類引擎來說，壓榨出的馬力並不大，但性能良好，游刃有餘，而且動力輸出非常順暢，幾乎就像電動馬達。9.4kgm扭力在5000rpm產生，因此從低轉速催油門，加速也毫不遲疑。CB1100無論在外觀與工藝來說都特別經典。油箱線條向後收向小面積的側蓋，剛好掩蓋住傳統鋼管車架的三角部位。

坐椅與油箱契合，無論對騎士或乘客都夠大夠舒適，而且高度對身高沒那麼高的人來說也很理想。其他復古特色包括：鍍鉻擋泥板與燈座，以及四合一排氣管（後來也有雙出版本），搭配現在少見的18寸輪圈。

311　採用直列四缸引擎及四合一排氣管，許多的鍍鉻件及較小的體積，讓這輛本田像是從昔日駛進現代的車款。

參考書目

Books and Catalogues

"The Art of the Motorcycle", Guggenheim Museum, 1998

"MAD, moto, arte, design", exhibition catalog. Milano, Palazzo del Ghiaccio, October-November 2007

"1853-2003 Barsanti & Matteucci. I padri del motore a scoppio - un'invenzione che ha rivoluzionato il mondo" by Emilio Borchi, Renzo Macii and Giacomo Ricci Ed., October 2002

"Due ruote - enciclopedia illustrata della moto", Istituto Geografico De Agostini, 1979

"Manuale del Motociclista" by Ferdinando Borrino, Hoepli, 1927

"Enciclopedia tecnica della motocicletta", by Abramo Giovanni Luraschi, Edisport Editoriale, 1992

"Moto Guzzi, storia, tecnica e modelli dal 1921", by Mario Colombo, Giorgio Nada Editore, 2007

"BMW Motorräder", by Stefan Knittel, Editoriale Semelfim, 1989

"KTM, la regina del fuoristrada", by Friedrich F. Ehn, Giorgio Nada Editore, 1999

"Ducati story", by Ian Falloon, Giorgio Nada Editore, 1999

"Harley Davidson, a way of life" by Albert Saladini and Pascal Szymezak, White Star Publishers, 2008

"Moto di Lombardia", Frera Cultural Center, City of Tradate, November 2007

"Le moto da corsa al circuito del Lario 1921-1939" by Sandro Colombo, Edisport Editoriale, 1991

Magazine Articles

Articles by Carlo Perelli, Alberto Pasi, Mario Colombo, François-Marie Dumas, Stefan Knittel, Gualtiero Repossi, Alan Cathcart, Carlo Bianchi, Vittorio Crippa, Mick Duckworth, Aldo Benardelli, Giorgio Pozzi, Giorgio Sarti, from "Motociclismo d'Epoca", Edisport Editoriale.

Articles by Marco Riccardi, Luigi Bianchi, Riccardo Selicorni, Riccardo Capacchione, Federico Aliverti, Christian Cavaciuti, from "Motociclismo", Edisport Editoriale.

索引

圖片出處

20th Century Fox/Gerlitz, Ava V./Album/Contrasto: page 239
Alvey & Towers: pages 252-253
Archivio Pgmedia.it: page 13 top
Archivio Scala: page 40
Archivio Storico Piaggio "Antonella Bechi Piaggio": pages 108-109, 112, 113 top, 114 top, 114 bottom, 115 top, 115 bottom
Davide Battilani: page 36
Patrick Bennett/Corbis: page 237
BentleyArchive/Popperfoto/Contributor/Getty Images: page 178
Alessandro Bersani: pages 32 top, 58-59, 59 top, 62 bottom, 82-83, 84-85, 98-99, 100-101, 125 bottom, 142-143, 190-191, 206-207
Archivio Edisport Editoriale - rivista "Motociclismo": pages 72-73, 86-87, 123 top, 250-251
Bettmann/Corbis: pages 26-27, 33 top, 81 bottom, 131
BMW AG Konzernarchiv: pages 6-7, 52 top, 52 bottom, 52-53, 53 bottom, 54, 54-55, 55 bottom, 81 top right, 92-93, 93, 146-147, 148, 148-149, 208-209, 210, 211 bottom, 211 top, 226 top, 226-227, 242, 242-243, 243, 244-245
Jacques Boyer/Roger-Viollet/Archivi Alinari, Firenze: page 10
Roland Brown: pp. 296-297, 298-299, 304-305, 306-307
Christie's Images Ltd: page 27 bottom
Angelo Colombo/Archivio White Star: page 152
Ugo Consolazione: pages 122-123
Corbis: pages 25 center, 80-81
Courtesy Everett Collection/Contrasto: pages 62-63, 119, 156 top, 157, 179
Markus Cuff/Corbis: pages 16-17
Digimedia Sas: pages 44, 45 bottom, 132 top
Dorling Kindersley: pages 32-33, 49, 97, 128, 129 left, 166, 167, 170-171, 171 top, 207
Ducati Motor Holding S.p.a: pages 2-3, 152-153, 256, 257, 258-259, 286-287
Mary Evans Picture Library: pages 27 top, 28, 28-29, 75 bottom, 96
Farabolafoto: page 175
Finistere Films/CCFC/United/Pictures/Album/Contrasto: page 134

Historical Picture Archive/Corbis: page 1
Hulton Archive/Getty Images: pages 15, 40-41, 58 top
Hulton Deutsch Collection/Corbis: pages 25 bottom, 26 top, 74 left, 75 top, 79, 132 bottom
Keystone-France/Eyedea/Contrasto: page 81 top left
Ron Kimball/www.kimballstock.com: pages 4-5, 11, 20-21, 162-163, 262-263
David Kimber: pages 158, 158-159, 214-215, 231, 234-235
Lordprice Collection/Alamy: page 84
National Motor Museum: pages 48, 64-65, 67 top
National Motor Museum/Alamy: pages 66-67
PaoloGrana@mclink.it/www.bikes-garage.com: pages 108 top, 136-137, 138-139, 182, 183, 194, 195, 198-199, 248-249
Pascal Segrette/Musée de l'Armeée, Dist. RMN/Photo RMN: page 88
Pascal Szymezak: pages 33 bottom, 113 bottom, 156 center and bottom, 246-247, 272-273, 283
Photo12.com: pages 12-13, 177
Photoservice Electa/Akg Images: pages 77, 105
David Pollack/K. J. Historical/Corbis: page 133
Reynolds-Alberta Museum, Alberta, Canada: pages 60-61
Rue des Archives: pages 24-25, 66, 238
Science Museum/Science & Society Picture Library: pages 14, 16 top
John Springer Collection/Corbis: pages 134-135
Studio Carlo Castellani: pages 30-31, 34-35, 42-43, 46-47, 50-51, 56-57, 68-69, 90-91, 102-103, 106-107, 110-111, 116-117, 120-121, 126-127, 140-141, 144-145, 150-151, 154-155, 160-161, 164-165, 168-169, 172-173, 180-181, 184-185, 188-189, 192-193, 196-197, 200-201, 202-203, 204-205, 212-213, 220-221, 224-225, 228-229, 232-233, 240-241, 254-255, 260-261, 264-265, 270-271, 274-275, 280-281, 284-285
Studio Patellani/Corbis: page 125 top
Swim Ink 2, LLC/Corbis: pages 23, 78
Target Design: page 230
Touhig Sion/Corbis Sygma/Corbis: page 118
Touring Club Italiano/Gestione Archivi Alinari, Firenze: pages 124-125
Craig Vetter: pages 203

Roger Viollet/Archivi Alinari, Firenze: pages 17, 18, 19, 25 top
www.bondarenkophoto.com: page 94-95

Courtesy of the:
Giacomo Agostini: page 8, 9
American Motorcyclist Association: page 62 top
Aprilia: pages 292-293, 294, 295
Archivio Audi AG: pages 104, 104-105
Archivio Museo Agusta, Via G. Agusta 510, 21017 Cascina Costa di Samarate (VA) - www.glaagusta.org - segreteria@glaagusta.org: page 174
BMW AG: page 244 top left, 244 top right, 300-301, 302-303
Collection of Robert Steinbugler: pages 222, 223
Foto Bimota: pages 288-289, 290, 291 top, 291 bottom
Honda Italia: pages 266, 267, 268-269, 269, 308-309, 310-311
Karl-Heinz and Brigitte Philipps: page 129 top and bottom
KTM Sportmotorcycle AG: pages 186 top, 186 bottom, 187
Michel Brunet: page 89
Moto Club XT500 - www.xt500.it: pages 216-217, 218
Museo della Motocicletta Frera - Tradate: page 37
Museu de la Moto - Bassella: pages 38-39
MV Agusta Motor S.p.a.: pages 282-283
Triumph Motorcycles: pages 276, 277, 78 top, 278 bottom, 279, 300
Ufficio Stampa Moto Guzzi: pages 45 top, 70-71
Yamaha Motor Italia S.p.a.: page 219

300 Project drawing of the Triumph Rocket III (2004).

Cover
Ducati Desmosedici RR.
© Studio Carlo Castellani

Back cover
Harley-Davidson fxdfse cvo Dyna Fat Bob.
© Pascal Szymezak

謝誌

作者 將本書獻給讓他對摩托車產生熱情的父親、不在這條路上太過阻攔他的母親，以及他的太太 Claudia 與他們的女兒Maria, Anna和Federica。

作者要感謝Matteo Bacchetti, Alberto Pasi, Giorgio Pozzi, Vittorio Crippa。

出版者要感謝：Yves Bruneteau (Club René Gillet), Suzuki Italia, Luigi Pierantoni (Motoclub XT500), Brigitta Rosati (Automotodepoca), Michel Brunet, Bimota S.p.a., Paul Adams (Vincent HRD Owners Club), Lothar Franz (Archivi Audi AG), Brigitte and Karl-Heinz Philipps (Der Imme Schwarm e.V.), Holger Baschleben (Auto & Technik Museum Sinsheim), John Landstrom (Blue Moon Cycle), Yamaha Motor Italia, Museo Agusta Cascina Costa di Samarate, Velosolex America, KTM Sportmotorcycle AG, Craig Vetter, Bob Steinbugler (Bimota Spirit USA), Bill Kresnak (American Motorcyclist magazine), Museo della Frera Tradate。

國家地理精工系列：經典摩托車

編　　者：路易吉・柯洛貝塔
翻　　譯：金智光
主　　編：黃正綱
資深編輯：魏靖儀
責任編輯：許舒涵
文字編輯：蔡中凡、王湘俐
美術編輯：吳立新
行政編輯：秦郁涵

發 行 人：熊曉鴿
總 編 輯：李永適
印務經理：蔡佩欣
美術主任：吳思融
發行經理：林佳秀
發行副理：吳坤霖
圖書企畫：張育騰

出版者：大石國際文化有限公司
地　址：台北市內湖區堤頂大道二段 181 號 3 樓
電　話：（02）8797-1758
傳　真：（02）8797-1756
印刷：博創印藝文化事業有限公司

2017 年（民 106）5 月初版
定價：新臺幣 1200 元／港幣 400 元
本書正體中文版由 De Agostini Libri S.p.A.
授權大石國際文化有限公司出版
版權所有，翻印必究
ISBN：978-986-94596-8-6（精裝）
＊ 本書如有破損、缺頁、裝訂錯誤，
請寄回本公司更換

總代理：大和書報圖書股份有限公司
地　址：新北市新莊區五工五路 2 號
電　話：（02）8990-2588
傳　真：（02）2299-7900

國家地理學會是全球最大的非營利科學與教育組織之一。在 1888 年以「增進與普及地理知識」為宗旨成立的國家地理學會，致力於激勵大眾關心地球。國家地理透過各種雜誌、電視節目、影片、音樂、無線電臺、圖書、DVD、地圖、展覽、活動、教育出版課程、互動式多媒體，以及商品來呈現我們的世界。《國家地理》雜誌是學會的官方刊物，以英文版及其他 40 種國際語言版本發行，每月有 6000 萬讀者閱讀。國家地理頻道以 38 種語言，在全球 171 個國家進入 4 億 4000 萬個家庭。國家地理數位媒體每月有超過 2500 萬個訪客。國家地理贊助了超過 1 萬個科學研究、保育，和探險計畫，並支持一項以增進地理知識為目的的教育計畫。

國家圖書館出版品預行編目（CIP）資料

國家地理精工系列：經典摩托車
路易吉・柯洛貝塔 作；金智光 翻譯 . -- 初版 . -- 臺北市：大石國際文化 . 民 106.5　316 頁；24.8 × 28.3 公分
譯自：Legendary motorcycles
ISBN 978-986-94596-8-6（精裝）
1. 機車
447.33
106006163

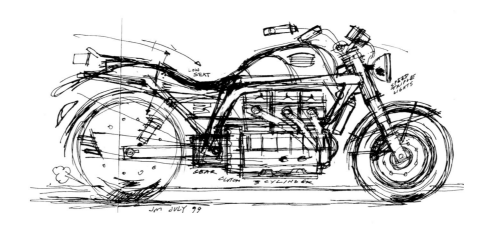

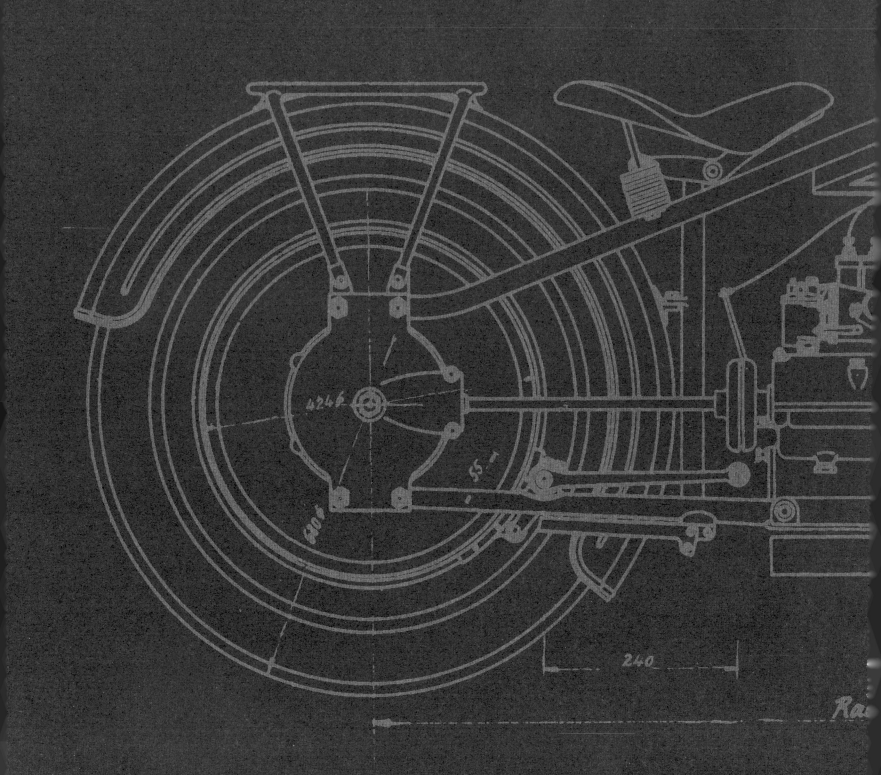